果蔬干制与鲜切加工

张丽华　主编

中原农民出版社

·郑州·

本书作者

主 编 张丽华　　　　副主编 杨 静 李顺峰

出 版 说 明

　　2015 年的中央一号文件指出:"推进农村一二三产业融合发展。增加农民收入,必须延长农业产业链、提高农业附加值。"农产品加工是一二三产业融合发展的重要一环,也是延伸农业产业链的有效手段。本书主要讲解苹果、梨、桃、生姜、大枣、葡萄等几十种果蔬产品的干制和鲜切加工工艺流程、设备、质量安全控制等方面的知识。内容通俗易懂,适合农民专业合作社带头人、家庭农场主以及其他新型农业经营主体中有关人员或者愿意从事农产品加工创业的人员阅读学习。

　　本书第一章、第三章和第五章由杨静编写,第二章和第四章由张丽华编写,第六章、第七章和第八章由李顺峰编写,全书由郑州轻工业学院张丽华老师负责统稿。本书编写过程中得到了郑州轻工业学院李学红老师的指导和帮助,在此表示感谢!

图书在版编目(CIP)数据

果蔬干制与鲜切加工/张丽华主编 . —郑州:中原农民出版社,2016.8
ISBN 978 - 7 - 5542 - 1468 - 8(2018.5 重印)

Ⅰ.①果… Ⅱ.①张… Ⅲ.①水果加工 – 干制 ②蔬菜加工 – 干制
③水果加工 – 保鲜 ④蔬菜加工 – 保鲜 Ⅳ.①TS255.3

中国版本图书馆 CIP 数据核字(2016)第 171016 号

出版社:中原农民出版社

　　　　(地址:郑州市经五路 66 号　　电话:0371 – 65751257

　　　　邮政编码:450002)

发行单位:全国新华书店
承印单位:新乡市天润印务有限公司
开本:710mm×1010mm　　　　1/16
印张:13
字数:219 千字
版次:2017 年 1 月第 1 版　　　　**印次**:2018 年 5 月第 2 次印刷

书号:ISBN 978 – 7 – 5542 – 1468 – 8　　　　**定价**:33.00 元
　　　　本书如有印装质量问题,由承印厂负责调换

·目 录·

第一章
果蔬干制品加工概述

第一节　原料的选择

几乎所有的果蔬类原料都可以进行干制,制得相应的果蔬干制品。果蔬干制应选择干物质含量高、肉质厚、组织致密、粗纤维少、新鲜饱满、色泽好、风味佳的品种。选择适合干制的原料,能保证干制品质量、提高出品率、降低生产成本。水果原料一般要求干物质含量高,纤维素含量低,风味良好,核小皮薄,成熟度在八九成熟。大多数的水果都是极好的干制原料,如苹果、梨、桃、杏、葡萄、柿子、枣、荔枝、桂圆等。常见的果蔬干制品有红枣、柿饼、荔枝干、桂圆干、葡萄干、杏干、香蕉干、干木耳、干蘑菇、干黄花菜及各种脱水蔬菜,等等。

一、原料的品种

不同种类的水果所含营养成分、干物质含量尤其是可溶性干物质含量有较大差异。原料中所含营养成分和干物质含量高,干制品的品质就高。因此,选择适宜的干制果蔬品种对获得高品质的干制品至关重要。表 1 - 1 为干制对果蔬原料的要求及适宜干制的品种。

表 1 - 1   适宜干制的果蔬原料及品种

果蔬种类	原料要求	适宜干制品种
苹果	果型中等,肉质致密,皮薄,单宁含量少,干物质含量高,充分成熟	金冠、小国光、大国光等
梨	肉质柔软细致,石细胞少,含糖量高,香气浓,果心小	巴梨、茌梨、茄梨等
荔枝	果型大而圆整,肉厚,核小,干物质含量高,香味浓,涩味淡,壳不宜太薄,以免干燥时裂壳或破碎凹陷	糯米糍、槐枝等
桂圆	果型大而圆整,肉厚,核小,干物质或糖分含量高,果皮厚薄中等,过薄则易凹陷或破碎	大元、油潭本、普明庵等
柿子	果型大呈圆形,无沟纹,肉质紧密,含糖量高,种子小或无核品种,充分成熟,色变红但肉坚实而不软时采收	河南荥阳水柿、山东菏泽镜面柿、陕西牛心柿、尖柿等
枣	果型大(优良小枣品种也可),皮薄,肉质肥厚致密,含糖量高,核小	山东乐陵金丝小枣、山西稷山板枣、河南新郑灰枣、浙江义乌大枣等
杏	果型大,颜色深浓,含糖量高,水分少,纤维少,充分成熟,有香气	河南荥阳大梅、河北关老爷脸、铁叭哒、新疆克孜尔苦曼提等
桃	果型大的离核种,含糖量高,纤维素少,肉质细密而少汁液,果肉金黄色具有香气的为最好,以果实皮部稍变软时采收的为宜	甘肃宁县黄甘桃、砂子早生等
葡萄	皮薄、肉质柔软,含糖量在 20% 以上,无核,充分成熟	无核白、秋马奶子等
甘蓝	结球大、紧密、皱叶、心部小,干物质含量不低于 9%,糖分不少于 4.5%	黄绿色大、小平头种为好,白色种次之,尖头种不适宜
番茄	果型以较大为好,果皮红色,果肉色深,肉质厚,种腔小,种子少,可溶性固形物 3% ~4%	粉红甜肉
青豌豆	豆荚大,去荚容易,豆粒重量不低于豆荚重的 45%,成熟一致,豆粒深绿色,糖分不低于 4.3%,淀粉含量不超过 8%	阿拉斯加、灯塔等

二、原料的成熟度

果蔬中所含的营养成分在其成熟过程中有着显著的变化。一般而言,随着成熟度的增加,水果中的淀粉(甜味成分的前体)和单宁(涩味成分)含量逐渐减少,而葡萄糖的含量则逐渐升高,在完全成熟时达到最高点,芳香物质也逐渐趋于最佳状态。此时进行干制加工,所得干制品的品质是最好的。因此,大多数用作干制的果蔬原料,一般应在充分成熟时采收,但是,对于某些果蔬则不宜在完全成熟时干制,比如杏,如果成熟度过高,容易引起质地变坏,反而不利于干制,所以应在完全成熟前采收。

三、原料的质地

选择干制的果蔬品种应具有柔韧的质地,对于粗纤维特别多、口感粗韧的原料不宜选作干制的原料,比如石细胞较多的酥木梨不宜用作干制的原料。

四、原料的新鲜度

果蔬原料越新鲜,干制品的品质就越高,所以,原料采收后应尽快进行干制加工。尤其对于蔬菜类原料,如蘑菇类原料和叶菜类原料,采后呼吸强度大,容易发生采用蒸腾失水,一般应当天采收,当天就进行干制处理,否则加工出的干制品品质欠佳。

第二节 果蔬干制品的加工工艺

一、水果类干制品加工工艺

(一)脱水苹果片

1. 原料
苹果。

2. 工艺流程
原料选择→清洗→去皮、核→置于食盐和抗坏血酸溶液中护色→整理→切分→防止褐变处理→干燥→回软→拣选、包装。

3. 操作要点

（1）原料选择。加工脱水苹果片应选择色泽良好、含糖量高、单宁少、皮薄肉厚、组织致密、口感酸甜的中等成熟度的苹果品种，以晚熟品种最好，如国光、红玉等。加工前应根据果实大小、成熟度不同和表观状态的差异进行适当分级，去除腐烂果、伤残果及虫蛀果等不能加工的果实，保证成品感官质量均一。

（2）清洗。将分选好的果实按不同等级分别清洗，在清洗槽或洗涤机中洗去表面的泥污、农药等残留物。

（3）去皮、核。苹果的表皮和果核一般都比较粗糙、坚硬，也影响干制效果。因此，在干制前须去除表皮和果核。然而，去皮、核时应注意只去不必要的部分，避免浪费原料，可采用手工去除或旋皮机、去核机等去除。需要注意的是去皮和去核后的苹果片应放入 1.0% ~ 1.5% 食盐和 0.2% ~ 0.3% 抗坏血酸溶液中进行护色处理，防止氧化褐变。

（4）切分。可手工切分，也可采用果蔬切片机进行。可根据最终加工产品的要求，可将苹果切横切或纵切成相应的形状。切成果片时注意应保持厚度的一致，一般厚度控制在 0.8 ~ 1.0 厘米，切成果块时，一般切成橘瓣状。

（5）防止褐变处理。一般是将切分后的苹果片放入 1.5% ~ 3% 亚硫酸钠和 0.3% 的柠檬酸混合液中浸泡 1 ~ 1.5 小时，以防止褐变。也可以采取热烫灭酶的方式来防止褐变。

（6）干燥。将浸泡好的苹果片放置在烘盘中，单位面积装载量为 4 ~ 5 千克/米^2，将烘盘放在烘车架上推入隧道式热风干燥机中进行干燥。干燥初期温度控制在 80 ~ 85℃，最高不要超过 85℃（温度过高会使产品表面发焦），要求排湿装置良好，可及时排出蒸发的大量水分；后期逐渐降至温度 50 ~ 55℃，干燥时间为 5 ~ 6 小时，最终干制品的含水量控制在 10% 左右即可。

（7）回软。常采用喷水法。从隧道式干燥机出来的干燥苹果片按要求堆放好，根据成品含水量要求用工业加湿器喷加适量水，然后覆盖使之在 20 ~ 25℃的条件下保温 1 ~ 2 天，直至成品达到含水量要求停止（含水均匀，质地柔软）。

（8）拣选、包装。回潮后的制品立即进行拣选，去除褐变、污染、焦煳及破碎的果片，将达到质量要求的果片装入塑料袋内，定量装箱，贮存于适宜条件下。

4. 产品质量要求

果片大且大小均一，肉质厚，富有弹性，互不黏结；不焦化，不结壳；具有鲜明的淡黄色和清香的苹果风味，口感酸甜，含水量 15% ~ 20%。干燥率为（6 ~ 8）：1（即 3 ~ 4 千克原料可制成 500 克成品）。

(二)荔枝干

荔枝鲜果不耐贮藏,产区素有加工荔枝干的习惯。焙制好的荔枝干,肉厚,味香甜,营养价值高,且耐贮藏。

1. 原料

荔枝。

2. 工艺流程

原料选择→清洗→防止褐变处理→干燥→包装→成品。

3. 操作要点

(1)原料选择。选择果型大而圆整,肉厚核小、含糖量高、香味浓、涩味淡的品种。成熟度以 7～9 成熟(果皮有 85% 转红,果梗部位仍带有青色)的新鲜果实,过熟、未熟及采收后久放的果实,干制后易发生扁果(即凹果)。另外,壳不应太薄,以免干燥时裂壳或破碎凹陷,加工品质以"糯米枝"和"元香枝"等为佳。加工前应根据果实大小、成熟度不同和表观状态的差异进行适当分级,去除腐烂及虫蛀等不能加工的果实,保证成品感官质量均一。选择干制的果实采收后,要保持成串穗状,以便于翻晒。

(2)清洗。将分选好的果实按不同等级分别清洗,在清洗槽或洗涤机中洗去表面的泥污、农药等残留物。

(3)防止褐变处理。一般是将清洗后的荔枝果实放入 2% 焦亚硫酸钠、0.5% 柠檬酸混合液中浸泡 15～30 分,以防止褐变。

(4)干燥。干制荔枝干 100 千克,需鲜荔枝 360～380 千克。目前有三种干燥方法。

1)日晒法。将清洗后带枝的果实铺于竹筛中进行暴晒,但要注意每筛不能装载过量,否则会影响日晒的效果。晒 1～2 天后,待果皮色泽转至暗红色后就进行"翻筛",即用另一空筛覆盖在上面,两人合力将筛倒置,务必使果实翻转,每隔一天翻转一次,应选择在中午翻筛。约 20 天后待果晒至七八成干时进行剪果,果壳褪色,除去枝梗,拼筛,在中午时分将果筛堆叠之后用草席围起来,回湿(让种子内的水分得以排出,干燥均匀)至翌日清晨,再移开暴晒。重复 3～4 天,晒至种子一锤即碎为止。采用日晒法需要 30～40 天,对于大核荔枝品种,则日晒时间应稍长些。如遇阴雨天则需叠筛,用防雨具盖好或及时转至熔炉烘焙,以免发霉。

2) 烘焙法。是将选出的果实铺于竹筛内,放置在烈日下预晒 2 ~ 3 天,蒸发掉一部分水,再将荔枝摊放在烘焙的棚面上。在烘灶顶部竹担上放入预晒荔枝约 15 厘米厚,先在烘床底部铺一层谷壳或木糠以便控制火候时用,然后铲入已点烧的木炭,均匀地分堆成两行,每隔 1 米堆放 1 堆。也可用煤球供热,烘炉设在焙灶的一端,点燃后多用鼓风机或在炉的另一端增建烟囱抽气,尽量使用热能,并使温度均匀。具体做法如下:

◆杀青。控制温度 90 ~ 100℃,保持 18 ~ 24 小时,其间翻动 2 ~ 4 次,让果实受热均匀。以果肉呈现象牙色为标准,即可起炉以谷围围住回软,可暂存 3 ~ 4 天。

◆第一次翻焙。将杀青后的果实再上炉,温度控制在 70 ~ 80℃(温度过高时可用铺底的谷壳或木糠覆盖部分木炭)。维持 24 小时,每隔 4 ~ 5 小时翻转 1 次。完成后再起炉围住回湿。这时可多存放几天,待焙炉空时再进行下一步。

◆第二次翻焙。温度控制在 60℃ 左右,火力要特别均匀,可用瓦片遮盖火苗,每隔 6 小时翻动 1 次,烘至果核一锤即裂。

3) 烘干法。采用烘房或隧道式热风干制机进行干燥。初期温度控制在 80 ~ 90℃,时间 4 ~ 6 小时;后期温度控制在 60 ~ 70℃,时间 24 ~ 36 小时,每干燥 8 ~ 12 小时,需回湿 4 ~ 6 小时,干燥和回湿的时间比例约为 2:1。

(5)包装。将回湿后的荔枝干立即进行拣选,去除褐变、焦煳及破裂的果实,用聚乙烯(PE)塑料袋定量进行分装,装箱,贮存于适宜的条件下。

4. 产品质量要求

果皮赤红色,自然扁瘪,不破裂;果肉呈深蜡黄色,有光泽;口味清甜可口,有浓郁荔枝风味,含水量 15% ~ 20%。干燥率为(3 ~ 4):1。

(三)脱水香蕉片

1. 原料

香蕉

2. 工艺流程

原料选择→去皮、切分→护色处理→
整理→干燥→回潮→拣选→包装→成品。

3. 操作要点

(1)原料选择。要求果实饱满,无软

腐、压伤的果实,成熟度适中,太青或太熟的香蕉都不适宜加工脱水香蕉片。

（2）去皮、切分。手工剥皮,用不锈钢刀横切成厚约 2 毫米的片状。

（3）护色处理。将切好的香蕉片立即放入 1.0% ~ 1.5% 食盐和 0.2% ~ 0.3% 抗坏血酸溶液中浸泡 30 分,防止酶促褐变。

（4）干燥。将护色后的原料沥干水分,均匀放入竹筛上,置于烘干机中进行干燥。初期干燥温度控制在 50 ~ 60℃,后期温度控制在 60 ~ 65℃。干燥过程中要注意换筛、翻转、回湿等操作。

（5）包装。干燥后,回软 2 ~ 3 天,然后立即进行拣选,去除褐变、污染、焦煳及破碎的果片,将达到质量要求的果片装入塑料袋内,定量装箱,贮存于适宜条件下。

4. 产品质量要求

呈浅黄色或金黄色,大小均一,具有浓郁的香蕉风味,含水量 15% ~ 20%。

（四）脱水桃干

1. 原料

桃。

2. 工艺流程

原料选择→清洗、切分→护色处理→干燥→回软→拣选→包装→成品。

3. 操作要点

（1）原料选择。选用离核品种,果型大、含糖量高、肉质紧厚、果汁较少、肉色金黄、香气浓、纤维少的果实。要求果实饱满,无软腐、压伤的果实,八九成熟度。

（2）清洗、切分。剔除腐烂、病虫害、损伤及未成熟的果实,再把桃毛刷掉,用流动清水冲洗干净。采用手工对半切开果实,挖去果核,再进行切片,之后立即进行护色处理。

（3）护色处理。可将桃片放入沸水中（可添加 1.0% ~ 1.5% 食盐和 0.2% ~ 0.3% 抗坏血酸）烫漂 5 ~ 10 分,防止酶促褐变,捞出沥干。

（4）干燥。将护色后的原料沥干水分,均匀放入竹筛上,置于烘干机中进行干燥。初期干燥温度控制在 50 ~ 60℃,后期温度控制在 60 ~ 65℃。干燥过程中要注意换筛、翻转、回湿等操作。

（5）包装。干燥后,回软 2～3 天,然后立即进行拣选,去除褐变、污染、焦煳及破碎的果片,将达到质量要求的果片装入塑料袋内,定量装箱,贮存于适宜条件下。

4. 产品质量要求

表面呈金黄色,大小均一,肉质紧密,具有浓郁的桃风味,含水量 15%～20%。

（五）梨干

1. 原料

梨。

2. 工艺流程

原料选择→清洗→去皮、切分→护色处理→干燥→回软→拣选→包装→成品。

3. 操作要点

（1）原料选择。选择肉质柔软细嫩、石细胞少、含糖量高、香气浓和果心小的品种,如巴梨、花梨、茄梨等,剔除烂果与过熟果。

（2）清洗。用流动清水冲洗掉表皮的泥沙、杂质。

（3）去皮、切分。削去外皮。手工切分时宜采用不锈钢水果刀将果实切成圆片或果块。

（4）护色处理。可将梨片放入沸水中（可添加 1.0%～1.5% 食盐和 0.2%～0.3% 抗坏血酸）烫漂 5～10 分,防止酶促褐变,捞出沥干。

（5）干燥。将护色后的原料沥干水分,均匀放入竹筛上,在阳光下暴晒 2～3 天,然后将竹筛叠加,阴干 20～40 天即可完成干燥过程。或者将竹筛置于烘干机中进行干燥。初期干燥温度控制在 50～60℃,后期温度控制在 60～65℃。干燥过程中要注意换筛、翻转、回湿等操作。

（6）包装。干燥后,回软 2～3 天,然后立即进行拣选,去除褐变、污染、焦煳及破碎的果片,将达到质量要求的果片装入塑料袋内,定量装箱,贮存于适宜条件下。

4. 产品质量要求

表面呈金黄色,大小均一,肉质紧密,具有浓郁的梨风味,含水量 15%～20%,干燥率为（4～7）∶1。

（六）脱水樱桃干

1. 原料

樱桃。

2. 工艺流程

原料选择→清洗→浸碱→漂洗→熏硫→
干燥→回软→拣选→包装→成品。

3. 操作要点

（1）原料选择。选择色泽光亮、柄短核小，果粒大小比较均匀，味甜、汁较少的品种，剔除霉烂果、未成熟和过熟果，手工摘除果柄。

（2）清洗。将樱桃装入篮子，于水槽或盆中用流动清水冲洗 2~3 次，洗掉表皮的泥沙、杂质。

（3）浸碱。为了缩短干燥时间，可将樱桃放在 0.2%~0.3% 沸碱液中热烫 3~5 秒。手工切分时宜采用不锈钢水果刀将果实切成圆片或果块。

（4）漂洗。浸碱结束后，立即转入清水中漂洗去除碱液 5~10 分钟，沥干水分。

（5）熏硫。将漂洗后沥干的樱桃果实装入烘盘，送进熏硫室，将硫黄置于钵中，加入木片等助燃。点燃后关闭熏硫室的门，熏硫 1 小时。每吨鲜果需硫黄粉 2~3 千克。

（6）干燥。将樱桃均匀铺在烘盘上，送入烘房。初期干燥温度控制在 50~60℃，待稍干时，将温度升至 75~80℃，经约 10 小时后取出。挑出未烘干的果实，放在另一个烘盘上再次干燥。干燥过程中要注意换筛、翻转、回湿等操作。

（7）包装。干燥后，回软 2~3 天，然后立即进行拣选，去除褐变、污染、焦煳及破碎的果片，将达到质量要求的果片装入塑料袋内，定量装箱，贮存于适宜条件下。

4. 产品质量要求

表面呈暗红或带淡红色的暗灰色，大小均一，肉质柔软，具有浓郁的樱桃风味，含水量 15%~20%。

（七）枣的干制

1. 原料

鲜枣。

2. 工艺流程

原料选择→清洗→装盘→干燥→冷却→包装→成品。

3. 操作要点

（1）原料选择。选择大小、成熟度一致的品种，剔除霉烂果、病虫果和破头果。

（2）清洗。将枣果装入篮子，于水槽或盆中用流动清水冲洗 2 ~ 3 次，洗掉表皮的泥沙、杂质。

（3）装盘。清洗后的枣果沥干水分，装入烘盘中，每平方米烘盘面积上的装枣量，一般控制在 12.5 ~ 15 千克。装枣厚度以不超过两层枣为宜，小果枣如鸡心小枣、金丝小枣等也可适当装厚些。

（4）干燥。红枣干燥分为三个阶段。

1）预热阶段。目的是使枣由皮部至果肉逐渐受热，提高枣体温度，为大量蒸发水分做好准备。因品种差异，此阶段需 6 ~ 10 小时才能达到上述目的（大果型品种、组织较致密的品种和皮厚的品种则需更长的预热干燥时间）。在预热阶段，温度逐渐上升至 55 ~ 60℃。当烘盘送至烘房内装妥后，关闭烘房门窗，拉开烟囱底部的闸板，迅速升高烘房内的温度。这一阶段要求室内温度平稳上升，待炉火旺盛后，可每隔一小时加煤一次。随着室内温度的升高，红枣温度在 35 ~ 40℃，以手握之，微感烫手。至后期，以拇指压枣果，可见枣果皮部出现微皱纹，此时枣果温度在 45 ~ 48℃，有些含水量高的品种，此时尚可见枣果表面有微薄的一层水雾。

2）蒸发阶段。目的是使枣果的游离水分大量蒸发。在此阶段，火力应加大，在 8 ~ 12 小时，使烘房温度升至 68 ~ 70℃，不宜超过 70℃。要达到这个要求，管理炉火的工作要做到勤添火、勤扒火和勤出灰，使炉火保持旺盛，从而加速水分蒸发。随着烘房内温度的升高，枣果温度超过 50℃，水分大量蒸发，烘房内的相对湿度大大增高，可达 90% 以上。当温度不变时，降低空气的相对湿度，能加快干燥速度。因此，应注意烘房内的通风排湿。当温度达到 60℃ 以上，相对湿度达到 70% 以上时，人入室内，感觉空气潮湿闷热，脸部和手骤然潮湿，呼吸也很困难，此时观察枣果，表面潮湿，应立即进行烘房内通风排湿工作。一般每烘干一次产品，应进行 8 ~ 10 次的通风排湿工作。通风排湿时，可将进气窗和排气筒打开，时间控制在 10 ~ 15 分为宜。另外，在此阶段室内温度较高，红枣干燥很快，为防止产品烘焦和干燥不匀，需注意翻盘和倒换烘盘。

3）干燥完成阶段。目的是使枣体内的各部分水分比较均匀一致，一般需要 6 小时左右即可达到。经过蒸发阶段后，枣果内部可被蒸发的水分逐渐减少，蒸发速度变慢,此时火力不宜过大,烘房内温度不低于50℃即可。如果此时烘房内的相对湿度仍高于60%,应进行通风排湿,但该阶段继续蒸发出来的水分较少,通风排湿的次数应减少,而且每次通风排湿的时间也应短,主要是使干燥的热空气用于水分的继续蒸发,使枣果内水分趋于平衡。在此阶段,也应根据枣果的干制状态,及时将干制好的产品取出。

(5)冷却。烘干的红枣,必须进行通风散温,如果不注意散热,由于红枣含糖量高,加上热力作用,糖溶解于细胞液及部分未蒸发的水分中,致使红枣果肉松软,随着时间延长,果肉开始发酵变酸,严重影响食用品质。

(6)包装。干燥后的红枣水分含量25% ~30%,极易吸潮,应立即进行拣选,去除焦煳及破损的枣果,将达到质量要求的枣果装入塑料袋内,定量装箱,贮存于适宜条件下。

4. 产品质量要求

干制好的枣果表面呈暗红或淡红色,大小均一,肉质柔软,具有浓郁的红枣风味,含水量25% ~30%。

(八)柿饼的干制

1. 原料

鲜柿子。

2. 工艺流程

原料选择→清洗→去皮→装盘→熏硫→第一次干燥→回软、揉捏、晾晒→第二次干燥→散热回软→出霜、整形→拣选、包装→成品。

3. 操作要点

(1)原料选择。选择柿子横径大于5厘米的大果,成熟但肉质硬,无核或少核品种,剔除霉烂果、病虫果和损伤果。

(2)去皮。将柿果置于水槽或盆中用流动清水冲洗2~3次,洗掉表皮的泥沙、杂质,清洗干净,拧掉果柄,摘去萼片,然后去皮。去皮要薄,不要过多伤及果肉,去皮除了允许果蒂周围保留宽度小于0.5厘米的皮外,其他部位不能留有残皮,可以采用碱液去皮法。

(3)装盘。清洗后的柿果沥干水分,果顶朝上逐个摆放在烘盘中,果距1厘米左右,摆满后送入烘房,放在烤架上。

(4)熏硫。按每平方米烘房容积5克硫黄的用量,燃烧熏蒸2~3小时,不仅能正常脱涩,而且能够有效防止贮藏中的长霉现象,成品也符合食品卫生标准。

(5)第一次干燥。在熏硫时就点火升温,尽快使烘房温度上升至(40 ± 3)℃,不超过45℃,并保持48~72小时,至柿果基本脱涩、变软、表面结皮为止,烘干期间要定期通风排湿,使烘房内相对湿度保持在55%左右。

(6)回软、揉捏、晾晒。将柿果从烘房中取出,放在干净、阴凉的地方冷却回软24小时后,进行揉捏,要求揉捏用力均匀,使果肉软化,并初具扁平形状,切勿捏破柿果。揉捏后将柿果放置在烘盘上,覆上0.02毫米厚的聚乙烯塑料薄膜,放在干净、向阳、空气流通的场地上,晾晒48~72小时。注意观察薄膜上凝结水滴量的多少,每隔1~2小时将薄膜面翻转一次,抖掉薄膜上的水滴。

(7)第二次干燥。将烘干温度控制在50~55℃,适时通风排湿,倒换烘盘。烘至果肉显著收缩而质地柔软,含水量将至30%左右,用手容易捏扁变形时为止,停止烘制,取出。

(8)散热回软、捏饼成型。取出的烘盘转移到阴凉、通风处散热回软24小时,再逐个捏饼成形。

(9)出霜、整形。将捏成饼形的柿果在室外晾晒后,以一层柿饼一层柿皮单层摆放在容器中,然后再转移到室外进行晾晒,如此反复几次才能出霜。

(10)拣选、包装。干燥后的柿饼水分含量25%~30%,极易吸潮,应立即进行拣选,去除破损及出霜不好的柿果,将达到质量要求的柿果以单个或双个为一包的形式装入塑料袋内,贮存于适宜条件下。

4. 产品质量要求

干制好的柿果表面呈白色霜状物,大小均一,柿肉橘黄色,肉质柔软,具有浓郁的柿果风味,含水量25%~30%。

(九)葡萄干

1. 原料

鲜葡萄。

2. 工艺流程

原料选择→剪串→浸碱处理→冲洗→熏硫→烘干→散热回软、除梗→包装→成品。

3. 操作要点

(1)原料选择。选择皮薄、果肉柔软,糖分含量高(一般要求含糖量大于20%)的品种,以无核种无核白、无核黑,有核品种如牛奶、新疆红葡萄等为好。果实要充分成熟,适时采收,剪去过小、损坏的果粒。

(2)剪串。将果穗过大的葡萄,分剪成几个小串,铺放在晒盘上。

(3)浸碱处理。将剪好的果穗浸于1%～3%的氢氧化钠溶液中10～30秒,薄皮品种可在0.5%碳酸钠或碳酸钠与氢氧化钠的混合液中处理,以破坏果皮表面的蜡质层,使葡萄果实呈皱缩状,以利于干制过程中水分的蒸发。

(4)冲洗。浸碱后的果实,立即在流动的清水中冲洗3～5分,将余碱清洗干净。

(5)熏硫。将沥干的葡萄放入烘盘中,置于密闭的熏硫室内熏硫。按每吨葡萄需用硫黄1.5～2千克,用少量木屑拌匀后点燃产生浓烟。紧闭门窗,熏蒸3～5小时,使二氧化硫蒸气钝化葡萄中的多酚氧化酶,从而抑制成品的氧化褐变。熏蒸结束后,打开门窗,排出剩余的二氧化硫。

(6)烘干。熏硫后将葡萄果连同烘盘一同送入烘房,初期的烘干温度为保持在45～50℃,持续干制1～2小时。再将温度升高至60～70℃,保持15～20小时,烘干至含水量为18%～20%即可结束烘干。

(7)散热回软、除梗。取出的烘盘转移到阴凉、通风处散热回软,再用葡萄脱粒除梗机除去果梗。

(8)包装。干燥后的葡萄水分含量约20%,极易吸潮,应立即进行拣选,去除破损的葡萄干果,将达到质量要求的装入塑料袋内,贮存于适宜条件下。

4. 产品质量要求

干制好的葡萄果表面呈皱缩状,大小均一,酸甜可口,具有浓郁的葡萄风味,含水量20%。

二、蔬菜类干制品的加工工艺

(一)脱水胡萝卜

1. 原料

胡萝卜。

2. 工艺流程

原料选择→清洗、切片→蒸煮、冷却→沥水、烘干→检验→包装→成品。

3. 操作要点

(1)原料选择。加工品种一般选用外皮

光滑、直根圆柱形的胡萝卜,便于切片加工。选择新鲜洁净、成熟适度、长粗适宜、剔除带虫蛀、病斑、严重损伤或畸形、发育不良的胡萝卜。

(2)清洗、切片。用流动清水冲洗 2~3 次,洗掉表面的泥沙、杂质,切成 1 厘米厚的片进行脱水加工。

(3)蒸煮、冷却。将切好的胡萝卜(以 10 千克为例)放入水蒸气中密闭熏蒸,每批次熏蒸时间一般控制在 5~7 分,蒸后其可溶性固形物含量为 10.5%。冷却水温度一般在 0~15℃,熏蒸后要立即浸入水中使其迅速降温至 15℃,这样便于保持产品原色,且达到冷却的目的。

(4)沥水、烘干。冷却后的胡萝卜片沥水 3~5 小时后,放入烘盘中送入烘房。烘房内须排去蒸汽,保持温度为 45~60℃,烘干时间为 5~6 小时,最终使含水量降至 6% 为准。

(5)检验。挑出碎屑、杂质和变色的产品,操作应快,以防止产品吸潮。

(6)包装。采用 PE 塑料袋定量包装,要求装实,贮存于适宜条件下,以防受潮、虫蛀。

4. 产品质量要求

成品色泽呈橘黄或橘红,无杂质。

(二)脱水黄花菜

1. 原料

黄花菜。

2. 工艺流程

原料选择→清洗→蒸制→烘晒→检验→包装→成品。

3. 操作要点

(1)原料选择。应选择饱满、花瓣结实、花蕾充分发育、富有弹性、黄色的新鲜黄花菜为原料,裂嘴前 1~2 小时采摘的花蕾产量高,质量好。

(2)清洗。用流动清水冲洗 2~3 次,洗掉表面的泥沙、杂质,沥干水分。

(3)蒸制。蒸制是决定黄花菜质量的一道关键工序。采下的花蕾要及时送入黄花菜蒸橱蒸制,蒸制前要除去已开的花蕾,铺层要蓬松,厚度以 6~10 厘米为宜,中间要留一个小孔,以利于水蒸气的挥发。蒸制前先将清水倒入铁锅内,锅内盛水量以距最底层木格条 10 厘米左右为宜,然后生火将水烧开,同时将装好花蕾的蒸筛迅速放进蒸橱内。蒸制时间视火力大小而定,一般蒸 8 分。蒸制熟度标准一般为五成熟度，即颜色由黄转绿、花柄开始发软、手搓花蕾有轻微的嚓嗦声。通常橱内蒸汽往外冒时即可。

（4）烘晒。蒸制后的花蕾应先放在清洁通风的地方摊晾，也可将其倒在晒席上，待晾透后，颜色由青绿转至淡黄色时则进行晒干或烘干。

1）晒干。将晾透的花蕾薄薄地摊在晒帘上，把晒帘放在晒花架上使其架空，以利水分向四周散发。晒至半天后，如花蕾颜色发白，说明蒸制良好。一般须日晒 2 ~ 3 天。在日晒过程中，应注意勤晒勤翻，可用大小相同的空帘对翻 1 次，以使花蕾干燥一致。日晒中应当主要防止雨淋，如用水泥晒场或山坡岩石晒花，则往往因温度过高，产品色泽不如架空晒帘晒得好。

2）烘干的方法有两种。一种方法是小型直接温火烘焙法，即将焙笼置于柴灶或煤灶上，下面烧木炭或煤进行烘烤。此法在焙烤开始时火温要高，以使花蕾中的水分迅速蒸发。花蕾烘制六七成干度时，须减弱火力。烘焙时间为 6 ~ 8 小时。采用这种方法得到的花蕾出品率较低，品质也差。另一种方法是间接火干燥法。此法是在烘房中进行，即将蒸熟的花蕾均匀地摊在烘帘上，待烘具烘热后将烘帘送入烘房。保持烘房温度在 50 ~ 70℃，烘至半干后拿出摊晾，第二天再烘，因为一次烘干会使产品形成青色僵硬条，影响感官质量。通常烘至七八成干度时即可，此时贮藏不会发霉变质，选择晴朗天气再日晒至干燥。间接火干燥法既能节省燃料，又能保持花蕾良好的色泽。

（5）检验。凡金黄色、粗壮者为优等品；黄色带褐，粗细不均匀者为中等品；色泽暗黄，花条收缩不均匀的为下等品。用力捏紧黄花菜时，感到软中有硬，放开后很快松散的，即表示干燥适度；迟迟不散开的则表示含水量过多。

（6）包装。采用 PE 塑料袋定量包装，要求装实，贮存于适宜条件下，以防受潮、虫蛀。

4. 产品质量要求

一级品须干燥，呈金黄色，粗细均匀，有香气，无虫蛀，无霉烂，无蒂柄和杂质，无青条，开花菜不超过 2%。二级品须干燥，黄色，粗细均匀，风味好，无虫蛀，无霉烂，无蒂柄和杂质，开花菜不超过 6%。三级品须干燥，黄色带暗褐，粗细不匀，无异味，无虫蛀，无霉烂，无杂质，开花菜不超过 12%。

（三）脱水薇菜

1. 原料
薇菜。

2. 工艺流程

原料采摘→整理→煮制→晾晒→揉搓→包装→成品。

3. 操作要点

(1)原料采摘。每年的 3～5 月,以清明至谷雨期间生长快,产量高。薇菜生产很快,发芽后 4～5 天即可采摘,否则老化而失去商品价值。采摘标准是嫩叶出土 7 天,嫩叶柄呈红褐色,粗壮,顶部卷曲,尚未展开伸直,在长度 20 厘米以下部位掐下,装入备好的干净的筐中。注意轻摘轻放,勿弄破表皮。不要装入袋或捆扎,以免搓伤,也要避免日晒。

(2)整理。将薇菜去掉卷头、茸毛及基部老化部分,剔除虫蛀、变质及其他杂物。按粗细分级,用冷水浸湿以防老化,当天采摘的当天要加工。

(3)煮制。薇菜从摘下到水煮最好不要超过 4 小时。煮菜的锅要求无油、不锈,锅里事先放置筛篱,以便翻动和及时出锅。把精选好的菜放入沸水锅,没入水面,水与菜比控制在 3∶1 为宜。下菜时火要急,水要开,以使受热均匀,并不断翻动,一般煮 3～5 分。待捞起 1 根薇菜从基部劈开,如能劈到头,即可全部捞出。一锅水可以焯 3～4 次,每次都必须将水重新烧开。出锅后的菜须迅速浸入冷水中使其冷却至常温,捞起摊开晾晒。

(4)晾晒。将煮后的薇菜摊放在草席上,置于通风处晾晒,待晾晒至紫红色时,翻晒另一面,待整条均变为紫红色时即可揉搓。白天未晒干的菜,夜里必须摊放在通风的棚下,尽量避免用火坑烘干或炭火烘干。

(5)揉搓。将 0.5 千克左右的薇菜置于草袋片上,双手张开轻轻地朝一个方向进行圆形揉搓,用力轻柔,不要揉破表皮或揉断,揉到手感发黏时摊到草席上继续晾晒。待浆汁干后,表皮有萎缩时再做第二次揉搓。表皮有明显皱褶时,进行第三、第四次揉搓,要比前两次用力,以菜不断、不破为佳。揉搓的目的是破坏薇菜的纤维组织,排除菜中的苦汁,使其呈蜂窝状,促进干燥,也能增加薇菜干的弹性和光泽。揉搓次数越多越好,每批薇菜应保证揉搓 7 次以上才可达到优质产品要求。俗语说:"薇菜揉好是宝,不揉是草。"这足以说明揉搓对薇菜品质的影响。

(6)包装。采用 PE 塑料袋定量密封包装,要求装实,贮存于适宜条件下,以防受潮、虫蛀,严禁同有味物品一起放置。

4. 产品质量要求

优质的薇菜干应达到色泽呈红棕色或棕褐色,组织柔软,富有弹性和透明性,菜柱完整,多皱褶、呈弯曲状。含水量不超过 13%,浸泡后复原率不低于 8 倍,无杂条、无老条、无黑条、无异味、无霉烂,即为合格产品。

(四)干香菇

1. 原料

香菇。

2. 工艺流程

原料挑选→剪柄→分级→干燥→包装→成品。

3. 操作要点

(1)原料挑选。挑选新鲜的香菇,去除泥土、碎培养基等残留的杂质。

(2)剪柄。采用剪刀将香菇柄剪去。

(3)分级。根据香菇的大小、厚度进行分级。

(4)干燥。可选择以下三种方法进行干燥,具体方法如下。

1)晒干。要晒干的香菇采收前 2～3 天停止向菇体上直接喷水,以免造成鲜菇含水量过大。菇体七八成熟,菌膜刚破裂,菌盖边缘向内卷呈铜锣状时应及时采收。最好在晴天采收,采收后用不锈钢剪刀剪去菌柄,并根据菌盖大小、厚度、含水量多少进行分级,菌褶朝上摊放在苇席或竹帘上,置于阳光下晒干,一般要晒 3 天左右。香菇晒干方法简单,成本低,但在晒干的前期,菇体内酶等活性物质不能马上失去活性,影响商品质量。另外,晒干的香菇不如烘干的香菇香味浓郁,对商品价值有所影响。

2)烘干。香菇的烘干,应采用较低温度和慢速升温的烘干工艺。一般采用强制通风式烘干机,干制温度可以从 40℃ 逐渐上升至 60℃;采用自然通风烘干机,可从 35℃ 开始逐渐上升至 60℃,升温速度要缓慢,一般以每小时升温 1～3℃ 为宜。香菇烘干起始温度的掌握,应以有利钝化氧化酶的活性为重点,即把介质温度控制在 40℃,持续 1 小时以上,这样的起始温度能较好地保持鲜菇原有的品质,烘干的温度不宜过高,否则菇体易烘黑、蒸熟。干制的最终温度,一般以不低于 60℃ 为原则,而以 62℃ 左右为宜,最后烘干时间 1～2 小时。

3)晒烘结合干制。将刚采收的鲜香菇经过修整后,摊在竹筛上,于阳光下晒 6～8 小时,使菇体初步脱水后再进行烘干,这样既能降低生产成本,也能保证干菇的品质。

（5）包装。采用 PE 塑料袋定量密封包装，要求装实，贮存于适宜条件下，以防受潮、虫蛀，严禁同有味物品一起放置。

4. 产品质量要求

优质的干菇应达到色泽均一，呈褐黄色，组织收缩不严重，有浓郁的香菇干制品风味，含水量不超过 10%，即为合格产品。

（五）脱水洋葱片

1. 原料

洋葱。

2. 工艺流程

原料挑选→切梢、去根、剥皮→切片→漂洗→沥干→摊筛→烘干→包装→成品。

3. 操作要点

（1）原料挑选。挑选充分成熟的洋葱，其茎叶开始边干，鳞茎外层已经老熟，干物质含量高，葱头横径大于 6.0 厘米，葱肉呈白色或淡黄白色，红洋葱为红白色，肉质辛辣，无腐烂、出芽、机械损伤和虫蛀。

（2）切梢、去根、剥皮。采用小刀切除葱梢，削去外皮、老皮根，直至露出鲜嫩白色或淡黄白色或红白色的肉层为止，清水洗净。

（3）切片。采用切片机，将洗净的洋葱按大小，沿横径切成宽度为 4 厘米的条。在切片过程中，边切边加水冲洗，同时把重叠的圆片抖开。

（4）漂洗。切好的洋葱片立即倒入清水中进行漂洗，而且要不断更换和补充新水，最好是采用流动的清水进行冲洗。主要是洗掉洋葱表面流出的胶质和糖液，以利于干制过程中水分的蒸发和防止附着糖液的焦化和褐变。漂洗后，也可将洋葱片浸入 0.2% 的柠檬酸中浸泡 2 分进行护色处理。

（5）沥干。采用离心机将洋葱片附着的水分甩干，转速设定为 1 500 转/分，时间 30 秒。

（6）摊筛。沥干水分后的洋葱片，迅速摊放至尼龙或不锈钢制成的网筛上，孔径一般为 3 毫米 ×3 毫米或 5 毫米 ×5 毫米。要求铺放均匀，不可过厚或过薄。

（7）烘干。将烘筛送入干燥机中，预热升温到 60℃左右，烘干温度控制在 58～60℃，时间需 6～7 小时，当洋葱含水量降至 5% 以下时，即可结束干制。

（8）包装。烘干的洋葱片，放在烘架上，自然冷却数分钟，同时拣出未干片、黏结片和变色片,装入塑料袋中密封即可。

4. 产品质量要求

优质的洋葱片应达到色泽均一,呈白色或浅白色,组织收缩不严重,有浓郁的洋葱干制品风味,含水量不超过5%,即为合格产品。

(六)脱水蒜片

1. 原料

新鲜大蒜。

2. 工艺流程

原料挑选→切蒂、分瓣、去皮→切片→漂洗→沥干→摊筛→烘干→包装→成品。

3. 操作要点

(1)原料挑选。挑选充分成熟、干燥、清洁、肉质洁白有光泽的大蒜,剔除腐烂、发芽、机械损伤和虫蛀蒜头。

(2)切蒂、分瓣、去皮。采用小刀切除蒜蒂,手工分瓣,装入铁丝网制成的圆筒笼中不断回转,同时吹风,利用蒜之间的互相摩擦去除蒜皮。

(3)切片。先将蒜粒冲洗干净,采用切片机,将洗净的蒜瓣按大小,沿横径切成宽度为1.5毫米的片状,要求均匀、平整。切片过厚,使成品颜色发黄,过薄则易影响香味及辛辣味。注意在切片过程中,边切边加水冲洗,同时把重叠的蒜片抖开。

(4)漂洗。切好的蒜片立即倒入流动清水中进行漂洗,洗掉蒜片表面上的黏液和糖液,以利于干制过程中水分的蒸发和防止附着糖液的焦化和褐变。若漂洗不净,成品干制中易发黄,漂洗过度,则水溶性成分、香味和辛辣味损失过大。

(5)沥干。采用离心机将蒜片附着的水分甩干,转速设定为1 500转/分,时间2分。

(6)摊筛。沥干水分后的蒜片,迅速均匀摊放至尼龙或不锈钢制成的网筛上,孔径一般为3毫米×3毫米或5毫米×5毫米。要求铺放均匀,不可过厚或过薄。

(7)烘干。将烘筛送入干燥机中,烘干温度控制在60℃,不宜超过65℃,温度过高会使香味、辣味损失大,而且蒜片色泽发红、发焦。时间需6~7小时,当洋葱含水量降至6%以下时,即可结束干制。

(8)包装。烘干的蒜片,放在烘架上,自然冷却数分钟,同时拣出未干片、黏结片和变色片,装入塑料袋中密封即可。

4. 产品质量要求

优质的蒜片应达到色泽均一，呈白色或浅白色，组织收缩不严重，有浓郁的大蒜干制品风味，含水量不超过6%，即为合格产品。

第三节　果蔬干制品加工机械与设备

目前，果蔬干制品的加工主要是采用自然干制和人工干制。

一、自然干制

自然干制可分为两种，一种是原料直接受阳光暴晒，称为晒干或日光干制；另一种是将原料置于通风良好的室内、棚下，称为阴干或晾干。自然干制的主要设备为晒场和晒干用具，如晒盘、筛帘等，以及必要的建筑物如工作室、贮藏室、包装室等。晒场一般选择向阳、交通方便的地方，但不要靠近多灰尘的大道，还应远离畜禽饲养场、垃圾场和养蜂场等，以保持清洁卫生，避免污染和蜂害。

自然干制的方法比较简单，一般是将原料直接放置在晒场暴晒，或者放在筛帘、晒盘内进行晒制。晒盘可采用木制或竹制，制成形状一致、大小相同的晒盘，大规模生产时可方便后续的熏硫、翻盘、叠置等操作。晒盘的大小以经济实用为原则，一般长90～100厘米，宽60～80厘米，高3～4厘米即可满足果蔬干制的要求。

自然干制投资少、管理粗放、生产费用低、可在产地就地干燥，但是自然干燥缓慢，干燥时间长，而且易受灰尘、杂质、昆虫等污染和鸟类、啮齿动物等侵袭，对干制品的卫生安全性造成影响。

二、人工干制

人工干制能有效缩短干燥时间，获得高质量的产品。生产中常用的人工干制设备如下。

（一）烘灶

烘灶是最简单的人工干制设备。可在地面砌灶，也可在地下掘坑。干制果蔬时，在灶中火坑底生火，上方架木、铺席箔，原料摊在席箔上干燥。通过火力的大小来控制干制所需的温度。广东、福建烘制荔枝干的焙炉、山东干制乌枣的熏窑等都是采用烘灶的干制方法。这种干制设备，结构简单，生产成本低，但是生产能力低，干燥速度慢，工人劳动强度大。

(二)烘房

一般是长方形土木结构的比较简易的建筑物,主要由烘房主体、加热升温设备、通风排湿装置和原料装载设备等组成。烘房较烘灶的生产能力大大提高,干燥速度较快,设备也较为简单。我国北方地区已大量采用进行红枣、辣椒及黄花菜等的烘房人工干制。

(三)人工干制机

主要是采用热空气对流式干燥设备,可以根据需要控制干燥空气的温度、湿度和空气流速,满足不同干制产品对干制条件的要求。

1. 隧道式干燥机

隧道式干燥机是应用最广泛的一种干燥方法,适用于各种大小及形状的固态物料的干燥。这种干燥机的干燥部分为狭长隧道形,其干燥过程是:先将待干的原料铺在料盘中,再置于运输设备(料车、传送带、烘架等)上,沿隧道间隔地或连续地通过时与流动着的热空气接触,进行热湿交换而实现干燥。

隧道式干燥的干燥间一般长 12~18 米,宽约 1.8 米,高 1.8~2.0 米,一般可分为单隧道式、双隧道式及多层隧道式等几种。隧道干燥设备容积较大,运输设备在内部能停留较长时间,处理量大,但是干燥时间较长。隧道式干燥采用的干燥介质多为热空气,隧道内也可以进行中间加热或废气循环,气流速度一般为 2~3 米/秒。在单隧道式干燥间的侧面或隧道式干燥间的中央设有加热间,其一端或两端装设有加热器和吸风机,吹动热空气进入干燥间,使原料水分受热蒸发。湿空气一部分自排气孔排出,一部分回流到加热间使其余热得以利用。根据原料运输设备及干燥介质的运动方向的异同,可将隧道式干燥机分为逆流式、顺流式和混合流式三种形式,其结构简图如图 1-1 所示。

(1)逆流式干燥机。如图 1-1(b)所示。装原料的运输设备与热空气运动方向相反,即料车沿轨道由低温高湿一端进入,由高温低湿一端出来。隧道两端温度分别为 40~50℃和 65~85℃。这种设备适用于含糖量高、汁液黏稠的果蔬,如桃、李、杏、葡萄等的干制。应当注意的是,干制后期的温度不宜过高,否则会使原料烤焦,如桃、梨、杏等干制时最高温度应保持低于 72℃,葡萄干制则不宜超过 65℃。

(2)顺流式干燥机。如图 1-1(a)所示。装原料的运输设备与热空气运动方向相同,即料车沿轨道由高温低湿(80~85℃)一端进入,产品从由低温高湿

（55～60℃）一端出来。在干燥时,前期温度较高,水分蒸发很快,愈往前行,温度愈低,水分蒸发速度逐渐变慢。这种干燥机较适合含水量较高的蔬菜和切分的果品的干制。但是,由于干燥后期空气温度低湿度高,造成有时不能将干制品的水分减少到标准含量,应避免这种现象的发生。

（3）混合式干燥机。如图1-1(c)所示。该干燥机有2个鼓风机和2个加热器,分别设在隧道的两端,热风由两端吹向中间,湿热空气从隧道中部集中排出一部分,另一部分回流利用。果蔬原料首先进入顺流隧道,温度较高、风速较大的热风吹向原料,加速原料水分的蒸发。料车继续向前推进,温度渐低,湿度较高,水分蒸发速度渐缓,也不会使果蔬因表面过快失水而结成硬壳。待原料大部分水分被排除后,进入逆流隧道,温度渐高,湿度渐降,此时,应控制好空气温度,过高的温度会使原料烤焦和变色。在正常的情况下,果蔬原料在混合式干燥机中的干燥过程,有2/3是在顺流隧道中完成干燥,其余的1/3是在逆流隧道内完成。

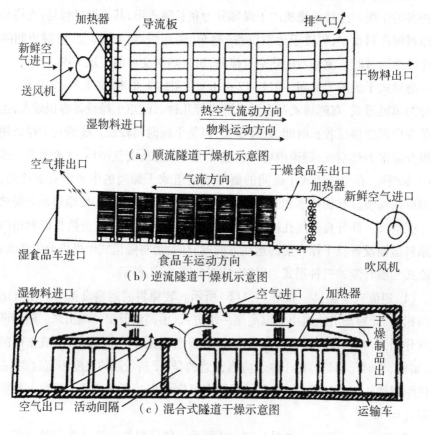

（a）顺流隧道干燥机示意图

（b）逆流隧道干燥机示意图

（c）混合式隧道干燥示意图

图1-1　隧道式干燥机的几种形式

2. 厢式干燥机

厢式干燥机是一种间歇式对流干燥机,整体呈密封的箱体结构,又称为烘箱,适合小批量的果蔬等食品物料的干燥。可以单机操作,也可以将多台单机组合成多室式烘箱。厢式干燥机主要由箱体、料盘、保温层、加热器、风机等组成。箱体采用轻金属材料制成,内壁为耐腐的不锈钢,中间为用耐火、耐潮的石棉等材料填充的绝热保温层。

厢式干燥机的废气可循环使用,适量补充新鲜空气用以维持热风在干燥物料时足够的除湿能力。根据热空气流动与物料间的关系分为平流厢式和穿流厢式干燥机。

(1)平流厢式干燥机。如图 1-2 所示。热风沿平行于物料的方向从物料表面通过进行干燥。箱内风速 0.5～3 米/秒,物料厚度 20～50 毫米。因热空气只在物料表面流过,传热系数较低,热利用率也较低,物料干燥也不均匀。

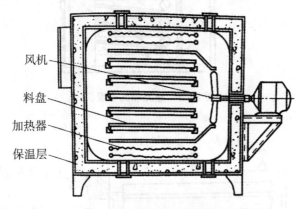

图 1-2　平流厢式干燥机

(2)穿流厢式干燥机。如图 1-3 所示,其整体结构与平流厢式干燥机基本相同。物料干燥时,由于料盘为金属网或多孔板结构,热风呈穿流形式通过料层,风速 0.4～1.2 米/秒,物料厚度为 45～65 毫米。物料干燥速率较快,但动力消耗较大,使用时应避免物料的飞散。

(3)真空接触式厢式干燥机。如图 1-4 所示,其结构形式与平流厢式干燥机相似。区别在于它是一种在真空密封的条件下进行操作的干燥机。在真空干燥箱内部有固定的盘架,其上固定装有各种形式的加热器件,如夹层加热板、加热列管或蛇管。被干燥物料放置在活动的料盘(用铝板或不锈钢制成)中,料盘放置在加热器件上。操作时,热源进入加热器件,物料就以接触传导的方式进行传热。干燥过程中产生的水蒸气,则经与出口连接的冷凝器或真空泵或水力喷射器带走。对于蒸汽中含有香精之类的有回收价值的组分,则采用间壁式冷凝器予以回收。对于果蔬片或条进行真空干燥时,必须使被干燥原料与料盘具有平滑的接触表面,以保证传热效果。

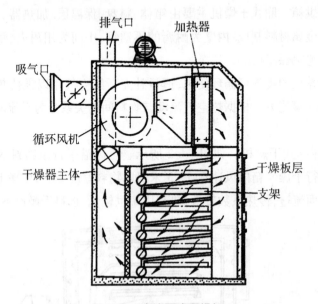

图 1 - 3　穿流厢式干燥机

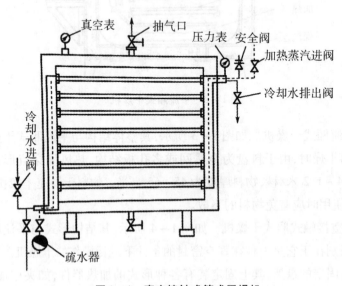

图 1 - 4　真空接触式箱式干燥机

3. 带式干燥机

带式干燥机是一种将物料置于输送带上,在随带运动通过隧道结构过程中与热风接触,来实现干燥的设备。一般由若干个独立的单元段组成,每个单元段包括循环风机、加热装置、单独或公用的新鲜空气抽入系统和尾气排出系统,干燥介质的温度、湿度和循环量等操作参数可以独立控制,使物料干燥过程达到最优化。

(1)单极带式干燥机。由一个循环输送带、两个以上空气加热器、多台风机和传动变速装置等组成。如图1-5所示为该设备的工作原理。循环输送带用多孔不锈钢板制成,由电动机经变速箱带动,转速可调。干燥介质为空气,用循环风机将外部空气经过滤器抽入,再经加热器加热后,通过分布板吹入。全机分为两个以上的干燥区,第一干燥区的空气自下而上经加热器穿过物料层,第二干燥区的空气自上而下经加热器穿过物料层。物料从进口端通过加料装置被均匀分布到输送带上,顺序通过第一干燥区和第二干燥区;最后干燥产品经外界空气或其他低温介质接触冷却后,由出口端排出。

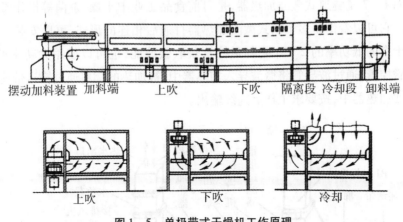

图1-5　单极带式干燥机工作原理

(2)多级带式干燥机。多级带式干燥机是将单极带式干燥机串联组合而成。整个干燥机分成两个干燥段和一个吹风冷却段,第一段分前、后两个温区,物料经第一、第二段干燥后,从第一个输送带的末端自动落入第二个输送带的首端,其间物料受到拨料器的作用而翻动,然后通过冷却段,最后又终端卸出产品。该机适用于各种脱水蔬菜、葡萄干等产品的干燥,较单极带式干燥机干燥效率更高。

4. 微波干燥

微波是电磁辐射能量场加热、干燥食品的一种方法和技术,是指波长在

0.1~1 米的电磁波,频率范围为 300~300 000 兆赫。目前,国际上规定工农业、科学、医学等民用的微波有 4 个波段,广泛使用的是 915 兆赫和 2 450 兆赫两个频率。微波干燥属于内热干燥,电磁波深入到物料的内部,使湿物料本身发热、蒸发、干燥,具有加热速度快、加热均匀和干燥速率快等优势。

图 1-6 为箱式微波加热器,家用的微波炉都属于这种类型。其外形是一个矩形的箱体,主要由矩形谐振腔、输入传导、反射板和搅拌器等组成,箱体通常为不锈钢或铝制成。被干燥物料在谐振腔内各方向都可以受热,又可将没有吸收到的能量在反射中重新吸收,有效地利用能量进行加热与干燥。箱体中设有搅

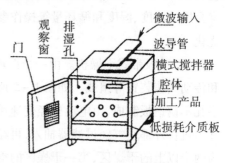

图 1-6　箱式微波加热器

拌器,可通过搅拌不断改变腔内场强的分布,达到加热均匀的目的。箱内水蒸气的排除,是由箱内的排湿孔在送入的经过预热的空气或大的送风量来解决。

图 1-7 是隧道式微波加热器,是目前食品工业中干燥、杀菌等操作常用的设备。它可以看作是多个箱式微波加热器打通后相连的形式,可以安装几个甚至几十个的低功率的 2 450 兆赫磁控管获取微波能,也可以使用大功率的 915 兆赫磁控管,通过波导管将微波导入加热器中,被加热的物料通过输送带连续进入微波加热器中,按要求工作后连续输出。

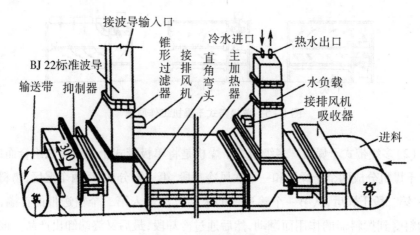

图 1-7　隧道式微波加热器

第四节　果蔬干制品的质量评价

由于果蔬干制品具有特殊性,大多数产品没有国家统一制定的产品标准,只有生产企业参照有关标准所制定的地方企业产品标准。果蔬干制品的质量标准主要有感官指标、理化指标和微生物指标。

一、感官指标

(一)外观

要求整齐、均匀、无碎屑。对于片状干制品要求片形完整,片厚基本均匀,干片稍有卷曲或皱缩,但不能严重弯曲;对于块状干制品要求大小均匀,形状规则。

(二)色泽

果蔬干制后,应与原有果蔬色泽一致或相近。

(三)风味

果蔬干制后,应具有原果蔬的气味和滋味,无异味。

二、理化指标

(一)物理指标

主要包括形状、质地、色泽、密度、复水性和速溶性。

1. 果蔬干制品的复原性和复水性

片、块及颗粒状的蔬菜类干制品一般都在复水(重新吸回水分)后才食用。干制品的复原性是干制品重新吸收水分后在质量、大小和形状、质地、颜色、风味、成分、结构以及其他可见因素等各个方面恢复原来新鲜状态的程度。复水性是新鲜原料干制后能重新吸回水分的程度。干制品的持水能力是衡量干制品复水能力的指标。其测定步骤为:称取一定质量的干产品→加水→复水→取出→滤干→除去表面水→称重。复水能力的高低是脱水食品重要的品质指标,采用不同的干燥方法对最终干制品的复水性和复原性有显著的影响,干燥温度高、高温下预煮时间长都将降低干制品的复水能力。冻干蔬菜制品与传统干制蔬菜的复水时间、复水能力比较见表1-2。

表1-2 冻干蔬菜制品与传统干制蔬菜的复水时间、复水能力比较

蔬菜品种	冻干蔬菜			传统干制蔬菜		
	复水时间(分)	复水前水分含量(%)	复水后水分含量(%)	复水时间(分)	复水前水分含量(%)	复水后水分含量(%)
胡萝卜	3	2.24	93.4	21	2.89	85.0
芹菜	3	2.37	95.0	15	4.65	86.5
韭菜	3	1.53	92.0	8	2.37	89.0
番茄	3	3.76	90.7	20	5.16	85.9
马铃薯	10	1.84	85.4	20	6.53	71.7

2. 果蔬干制品的质构性

干制过程使得果蔬产品的体积和质量减小,对果蔬的质构也发生了显著的影响。芹菜和番茄在冻干后失去了原本的刚性结构,这是由冻结和脱水时质构被破坏、压力降低所引起的。在根茎类蔬菜干燥前或干燥后,可用氯化钠、碳酸钠等盐类软化组织,可以改善干制后的质构性。

(二)化学指标

主要是指各种营养成分,主要是含水量指标,脱水果干的含水量一般为15% ~20%;脱水蔬菜的含水量一般约为6%。

(三)微生物指标

一般果蔬干制品无具体微生物指标,产品要求不得检出致病菌。

三、保质期

一般都要求在半年以上。

第二章
果蔬干制的前处理

> **章节要点**
> 1. 果蔬的清洗、去皮与切分。
> 2. 防止褐变处理。
> 3. 糖渍和腌渍处理。

　　果蔬产品在干制前,为使干制产品获得更好的品质,往往需要进行相应的预处理,包括整理分级、清洗、去皮去核、切分、灭酶护色等基本的预处理工序。然而,对于果脯蜜饯、膨化果蔬片等干制品而言,在干制前还须采取相应的其他措施,如糖渍、预干燥等工序。本章重点介绍清洗与切分、防止褐变、干制前的糖渍等相关知识。

第一节　清洗、去皮与切分

一、清洗

　　水果蔬菜原料由于受种植环境的影响,如土壤、尘埃、微生物、农药以及在运输过程中的污染,在加工前必须进行清洗,以除去果蔬表面黏附的灰尘、泥沙、部分微生物和可能的农药残留等各种杂质,减少微生物数量,保证产品的清洁卫生。尤其是采前喷洒过农药的原料,更须彻底清洗消毒,保证食品原料的安全。

(一)清洗用水

果蔬加工用水量很大,一部分是作洗涤原料、热烫和配制糖、盐等用;一部分是用于清洗容器、设备。生产中,凡是与果蔬直接接触的水必须满足饮用水标准,水温一般为常温。有时为了提高清洗效果,还可采用温水,但是不适合清洗柔软多汁、成熟度高以及含水溶性色素多的水果。清洗前,将果蔬原料用水浸泡一段时间,可使污物更易去除。对于有农药残留的果蔬原料,清洗时须采用化学药品,如盐酸(0.5%~1.5%)、氢氧化钠(1%~1.5%)、漂白粉(0.1%)、高锰酸钾(0.1%)等,几种常见化学药品使用方法见表2-1。

表2-1　几种常见化学药品使用方法

药品名称	使用浓度	清洗水温	浸泡时间	处理对象
氢氧化钠	0.1%~1.5%	常温	数分	具有果粉、果蜡的水果,如苹果、梨等
漂白粉	0.1%	常温	3~5分	苹果、柑橘、桃等
高锰酸钾	0.1%	常温	10分	杨梅、草莓、枇杷等

采用化学药品清洗后,须用大量清水冲洗,既可冲洗掉农药残留,又能除去虫卵,减少微生物数量。近年来,生产中也有采用磷酸盐、枸橼酸钠等新型清洗剂来清洗果蔬原料。

(二)清洗机械

果蔬原料的清洗可采用人工,也可配备各种清洗机械来进行,工厂可根据规模大小和劳动力情况进行选择。人工清洗简单易行,设备投资少,仅需一个清洗水槽即可进行,适合于所有的果蔬原料,但是劳动强度大,工作效率低。选择机械清洗时,应根据果蔬种类、被污染的程度、原料耐摩擦能力等情况来选用。

1. 鼓风式清洗机

利用鼓风机把空气送入洗槽中,使清洗原料的水产生剧烈的翻动,空气对水的剧烈搅拌使湍急的水流冲刷物料将表面污物洗净。利用空气进行搅拌,既可加速将污物洗掉,又能使原料在剧烈地翻动下不致损伤,从而保持其完整性。因此,这类设备适合于软质原料如番茄、橘子等果蔬原料的清洗。鼓风式清洗机主要由洗槽、喷淋管、鼓风机、物料输送机构、动力与传动机构、机架等部件组成,如图2-1所示。工作时,电机带动输送机驱动滚筒使输送机网带运转,同时鼓风机也开启。被清洗的原料放入输送机的下水平段。在洗槽中,鼓风机送来的空气对水的剧烈搅拌作用,将物料表面的污物冲洗掉,随后随着输送带的运动,物料被带到输送带的倾斜段由喷淋管对物料进行最后一次冲洗。此后,物料进入上水平段修整检查后送入下道工序。

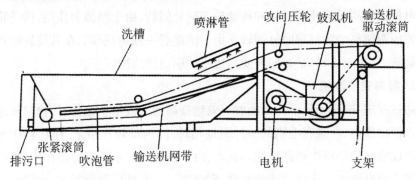

图2-1 鼓风式清洗机

2. 滚筒式清洗机

主要部分是一个可以旋转的滚筒,筒壁呈栅栏状,与水平面呈倾斜(3°~5°)安装在机架上。滚筒内引入高压水管的喷头,以0.15~0.25兆帕的压力喷水。借助圆形滚筒的转动,使原料在其中不断地翻转,使物料与滚筒表面、物料与物料表面之间产生相互摩擦。同时,喷射的高压水冲洗翻动的原料,以达到清洗目的。物料在清洗过程中,由于滚筒的倾斜,受重力作用从高处向低处缓慢移动,最后从出料口排出。污水和泥沙通过滚筒的网孔流入清洗机底槽,从排污口排出。该机适合清洗苹果、柑橘、橙、马铃薯等质地较硬的果蔬类物料。滚筒式清洗机主要由进料斗、出料槽、滚筒、水槽、喷水装置、传动装置和机架等部件组成,如图2-2所示。

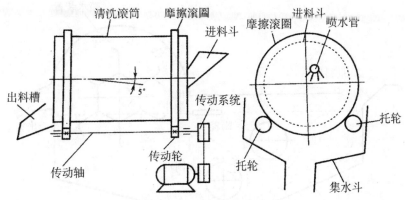

图2-2 滚筒式清洗机

传动轴用轴承支承在机架上,其上固定有两个传动轮。在机架的另一侧装有与传动轴平行的轴,其上装有两个与传动轮对应的托轮,托轮可绕其轴自由转动。清洗滚筒用薄钢板钻上许多小孔卷制而成,或用钢条排列焊成筒形,清洗滚筒两端焊上两个金属圆环。滚筒被传动轮和托轮经滚圈托起在整个机架上。工作时电机经传动系统使传动轴和传动轮逆时针回转,由于摩擦力作用,传动轮驱动摩擦滚圈使整个滚筒顺时针回转。由于滚筒有一倾角,所以,在其旋转时物料一边翻转,一边向出料口移动,并受高压水冲刷而被清洗。

3. 喷淋式清洗机

通过浸泡、刷洗和喷淋作用能够有效地提高清洗效果。工作时,物料从进料口进入清洗槽内,在装有毛刷的一对刷辊相对、向内旋转作用下,使物料在水的搅动形成的涡动环境中得到清洗。同时,由于刷辊之间水流压力差作用,物料随刷辊转动而自动流入刷辊之间的间隙,实现刷洗。刷洗后的物料向上浮起,经出料翻斗沿圆弧面移动,再经过高压水喷淋冲洗,最后由出料口输出。另外,水槽中的水还能采用蒸汽直接加热。

4. XGJ - 2 型洗果机

如图 2 - 3 所示。原料从进料口进入清洗槽内,由于装在清洗槽上的两个水平刷辊旋转使洗槽中的水产生涡流,物料先在涡流中得到清洗。同时由于两刷辊之间间隙较窄,液流速度较高,压力降低,被清洗物料在压力差作用下通过两刷辊间隙时,在刷辊摩擦力作用下又得到进一步刷洗。而后,物料在顺时针旋转的出料翻斗捞起,在出料口附近又经高压水喷淋得以进一步清洗。该机清洗效率高,生产能力每小时可达 2 000 千克,清洗质量好,造价低,是中小型企业较为理想的果品清洗机。

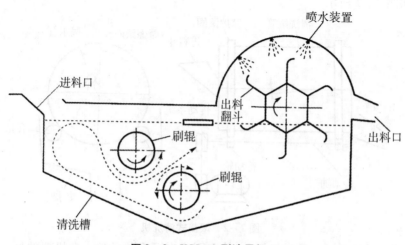

图 2 - 3　XGJ - 2 型洗果机

5. 桨叶式清洗机

清洗槽内安装有桨叶的清洗方式,每对桨叶垂直排列,末端装有捞料的斗。清洗时,槽内装满水,开动搅拌机,然后可连续进料,连续出料。此种机械适用于胡萝卜、甘薯、芋头等质地较硬的物料。

二、去皮、去核

除叶菜类外,大部分果蔬外皮都比较粗糙、坚硬,不可食用,有的表皮具有不良风味,在加工中会对制品产生不良影响。如柑橘类果实外皮含有精油和苦味物质;桃、梅、李、杏、苹果等外皮含有纤维素及角质;荔枝、龙眼、竹笋的外皮木质化,等等。因此,提高干制品的品质和利于后续加工,加工前常常需要去除表皮。去皮时,只要求去除不可食用或影响后续加工产品品质的部分即可,不可过度,否则会增加原料的消耗。目前,常见的果蔬原料去皮方法有以下几种。

(一)手工去皮

手工去皮是利用锋利刀具人工削除果蔬表面皮层的一种最原始的方法,应用较广。此法具有去皮干净、设备费用少、损失率小,且兼有修整的作用,还可以同时完成去核、去心、切分等工作。尤其适合质量不一致的果蔬原料。生产中常用的小型工具如图2-4所示。但是,人工去皮费时、费工、生产效率低,不适合大批量连续生产。

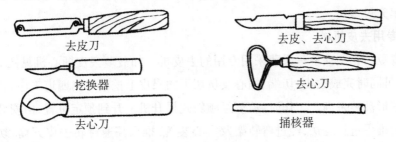

图2-4　各种修整、去核、去心小型工具

（二）机械去皮

机械去皮是采用专门的机械对果蔬进行去皮,一般要求去皮前对原料进行严格的分级,确保果蔬原料的质量一致性。此法具有获得产品质量好、生产效率高的优点。然而,机械去皮往往不彻底,通常需要人工辅助修整,去皮同时也去除了一部分的果肉,原料产率低。因此,机械去皮法具有一定的局限性。目前,机械去皮采用的设备主要有三大类。

1. 旋皮机

旋皮机是利用特定的机械刀架将果蔬外皮削去,在使用时,将待去皮的水果插在能旋转的插轴上,靠近水果一侧安装一把刀口弯曲的刀,使刀口贴在果面上。插轴旋转时,刀就从旋转的水果表面上将皮削去。旋皮机插轴的转动有手摇、脚踏和电动等动力形式。旋皮机较适合于外形规整,且具有一定硬度的果蔬原料,如苹果、梨、硬柿等。

2. 离心擦皮机

利用旋转的工作构件驱动原料进行旋转,使得物料在离心力的作用下,在机器内上下翻滚并与机器构件产生摩擦,从而使物料的皮层被擦离。擦皮机如图2-5所示,主要有圆筒、圆盘、加料斗、卸料口、排污口和传动等部分构成。圆筒内表面大都采用金刚砂黏结表面。圆盘表面呈波纹状,也兼有擦皮功能,主要用来抛起物料,当物料从加料斗落到旋转圆盘波纹状表面时,因离心力作用被抛至圆筒壁,与筒壁粗糙表面摩擦而达到去皮的目的。擦皮机较适合于外形不规整的原料,如马铃薯、甘薯、胡萝卜、芋头、猕猴桃等,效率高。在实际生产过程中,不仅要求物料能够被完全抛起,使得物料在擦皮室内呈翻滚状态,不断改变与工作构件间的位置关系和方向关系,便于各块物料不同部位的表面被均匀擦皮,并且要保证物料能抛至筒壁。因此,圆盘要保持足够高的转速,要求擦皮室内的物料不得填充过多。

3. 专用去皮机械

如青豆、黄豆、菠萝等果蔬采用专用的去皮机。如菠萝去皮捅心机见图2-6。该机可同时完成去皮、切端、捅心及从切下的果皮上挖出果肉四道工序,获得中空圆柱形菠萝果肉。工作时,菠萝经倾斜式提升机上升到预定位置,由安装在链条上的推手进行运送,经过弯轨架及定心装置,推入高速旋转去皮刀筒,切下的果皮由挖肉器经两次挖肉后,皮和果肉分别从出料槽溜出,圆柱形果肉则通过导引套浸入间歇六孔转盘内,在间歇转盘的作用下,送至工作位置切除头尾两端、捅心,最后推杆将果筒推出转盘外,经滑槽溜到果筒输送带上。端料和心料从滑槽送出。该设备工作效率高,安全可靠。

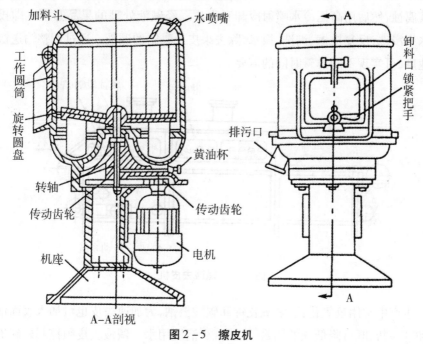

图2-5 擦皮机

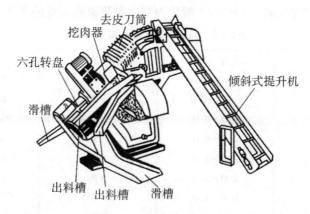

图2-6 菠萝去皮捅心机

(三)化学去皮

化学去皮又称碱液去皮,是目前应用最广泛的果蔬去皮方法之一。是将果蔬在一定温度和浓度的碱液中处理适当的时间,果皮即被腐蚀,取出后,立即用清水冲洗或搓擦,外皮即脱落,并洗去碱液的一种方法。其构造如图2-7所示,主体是由回转式链带输送装置和淋碱、淋水装置等部件组成。碱液去皮可分为进料段、淋碱段、腐蚀段和冲洗段。工作时,将切半去核后的果品放在输送带上,由输送装置送其通过各工作段。首先用热稀碱液喷淋5~10秒,再经15~20秒让其腐蚀,然后用高压冷水喷射冷却和去皮。经碱液处理的果品必须立即投入冷水中浸洗,反复搓擦、淘洗、换水,除去果皮及黏附的碱液。通过调整输送链带的速度,可实现不同淋碱时间的需要。

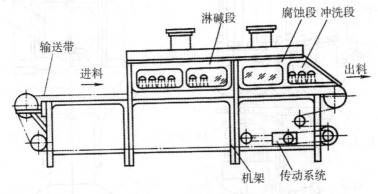

图2-7 碱液去皮机

生产中常用氢氧化钠、氢氧化钾和碳酸氢钠,为加速去皮也可加入表面活性剂和硅酸盐,既可降低碱的用量,又能减少清洗用水。碱液去皮须控制好碱液的浓度、温度和处理时间,如表2-2所示为部分果蔬碱液去皮的条件。

表2-2 部分果蔬碱液去皮的条件

果蔬种类	氢氧化钠浓度(%)	碱液温度(℃)	处理时间(分)
苹果	8.0~12.0	>90	1.0~2.0
梨	8.0~12.0	>90	1.0~2.0
桃	2.0~6.0	>90	0.5~1.0
杏	2.0~6.0	>90	1.0~1.5
李	2.0~8.0	>90	1.0~2.0
猕猴桃	2.0~3.0	>90	1.0~2.0
橘瓣	0.8~1.0	60~75	0.25~0.50
甘薯	4.0	>90	3.0~4.0
茄子	5.0	>90	2.0
胡萝卜	4.0	>90	1.0~1.5
马铃薯	10.0~11.0	>90	2.0

碱液去皮适用于桃、李、杏、梨、猕猴桃、胡萝卜等果蔬的去皮以及橘瓣脱囊衣。桃、李、苹果等的果皮由角质、半纤维素等组成,果肉由薄壁细胞组成,果皮与果肉之间为中胶层,富含原果胶及果胶。当果蔬与碱液接触时,果皮的角质、半纤维素

被碱腐蚀而变薄乃至溶解，果胶被碱水解而失去胶凝性，但果肉薄壁细胞膜具有抗碱性。因此，用碱液处理后的果实，不仅果皮容易去除，而且果肉的损伤较少，可以提高原料的利用率。但是，碱液去皮存在许多不足之处，比如，去皮后的原料营养成分发生变化，以及碱液去皮产生的废水多，尤其是产生大量含有碱液的废水。

（四）热力去皮

热力去皮是利用热水或水蒸气处理果蔬，使表皮受热变软膨胀，从而达到与果肉组织分离，再迅速冷却去除表皮的一种方法。柑橘类果实常采用热力去皮，也较适合成熟度高的桃、杏、枇杷、番茄等果实。如番茄可在 95～98℃ 的热水中处理 10～30 秒，立即取出并迅速采用冷水浸泡或喷淋，然后手工去皮或高压冲洗去除表皮。热力去皮须注意热烫时间，时间过久会导致果实质地软化，并会造成维生素 C 的损失和影响风味。

（五）水果去核机

主要有进料斗、带凹槽的链板式输送机、理料旋转刷、去核刀架、出料口、排核螺旋输送机等部件组成，如图 2－8 所示。

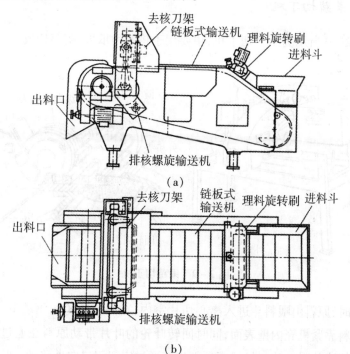

（a）

（b）

图 2－8 水果去核机

原料进入料斗直接落在带凹槽的输送板上,输送板由星形轮向前传动,输送板上方有一旋转的理料刷将带上重叠的水果送回进料斗,去核刀架上设有棒形去核刀,去核刀架由曲柄连杆结构的带动下做垂直运动,黏附在输送带上已去核的水果经推杆由出料口排出,果核与果汁一起由设置在板式输送机下方的不锈钢螺旋输送机排出。该机可加工樱桃、李、杏、枣等水果的去核。

三、切分

对于一些体积较大的果蔬原料,在干制前,一般要将其切分成大小一致的果蔬块,便于后续加工制作。切分时要求块形整齐一致,切分的程度应根据原料大小和产品质量要求而定。如苹果、梨一般纵切成四块;桃主要是对开、四开和切成条状;杏一般对切成两块;菠萝可切成圆片、扇片。

切分可人工操作,也可采用专门的切片机械。小企业多由手工完成,生产量大的企业可采用相应的机械,如劈桃机,用于将桃切半;专用切片机如蘑菇定向切片刀、菠萝切片机、甘蓝切条机等;多功能切片机配备有可换式组合刀具架,可根据需要选用刀具,满足果蔬的切片、切条、切块等。

(一)果蔬切丁机

如图2-9所示为果蔬切丁机,主要用于将各种瓜果、蔬菜切成立方体、块状或条状。

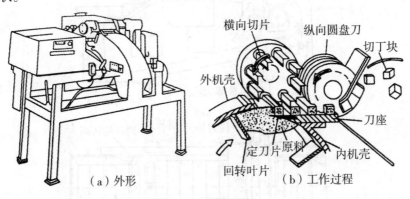

(a)外形　　　(b)工作过程

图2-9　果蔬切丁机

工作时,原料由喂料斗进入离心切片室内,在回转叶轮的驱动下,离心力作用迫使原料靠紧机壳内壁表面,同时回转叶轮的叶片带动原料在通过定刀片处时被定刀切成片料。片料经机壳顶部出口通过定刀刃口向外移动。片料的厚度取决于定刀刃口和相对应的机壳内壁之间的距离,通过调整定刀伸入切片室的深度,可调整定刀刃口和对应的机壳内壁之间的距离,从而实现对片料厚度的调整。片料一旦露出定刀刃口外,随即被横切刀切成条状,条状物料继续沿着切片刀座向前移动,最后被横切刀推向纵切圆盘刀,切成立方体或长方体,即所谓的"丁",并由梳妆卸料板卸出。

(二)离心式切片机

主要由圆锥形机壳、回转叶轮和安装在机壳内壁的定刀片组成(图2-10)。工作时,其机壳及回转叶轮的轴线与水平面垂直,属于立式结构。原料经圆锥形进料斗进入切片室内,受到高速旋转的回转叶轮的驱动,在离心力和叶片驱赶的作用下将原料抛向机壳内侧,使原料紧压在机壳内壁并与定刀片做相对运动,即被切成与刀片结构形状及刀片间隙相应的片状,通过出料槽排出。调节定刀片和机壳内壁之间的相对间隙,即可获得所需的切片厚度。通过改变刀片结构形状,则可切成不同形状的果蔬切片,一般可切出平片、波纹片、V形丝等。该机结构简单,生产能力大,适用于各种瓜果、果菜、块根类以及某些叶菜类蔬菜。

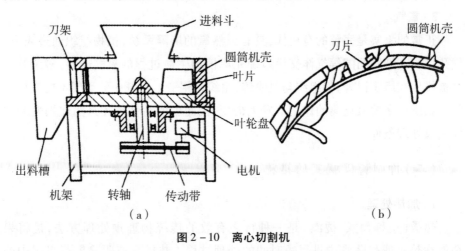

图2-10 离心切割机

第二节 防止褐变处理

果蔬在干制过程中常常出现颜色变黄、变褐甚至变黑的现象,一般都称为褐变。褐变反应包括酶促褐变(多酚氧化酶催化下的多酚类物质氧化)和非酶褐变(不需要酶催化发生的褐变)两类。

一、酶促褐变及其控制措施

(一)酶促褐变的发生条件

1. 酚类物质

果蔬组织中酚类物质种类多,分布广,含量丰富,几乎在所有的果蔬原料中都含有酚类物质,尤其以苹果、梨、香蕉、荔枝、枣、蘑菇、马铃薯等果蔬中含量高。但是,值得注意的是,在完整的果蔬组织细胞中,多酚类物质分布在细胞液泡内,而多酚氧化酶(PPO)分布在细胞质内。因此,即使在有氧的条件下果蔬原料也不会发生褐变。

2. 多酚氧化酶

果蔬原料在加工中的去皮、切分等操作,破坏了果蔬原料的组织细胞结构,在氧气作用下,多酚氧化酶将果蔬中的酚类化合物氧化成醌,醌再聚合成有色的物质,即可使果蔬原料发生褐变,影响最终产品的品质。经多酚氧化酶引起的果蔬原料褐变,常会使果肉褐变、产生异味,并造成营养成分损失等负面影响。

3. 氧气

正常的果实是完整的有机体,具有天然氧的屏障系统,植物组织通过表皮、气孔、皮孔、细胞间隙等气体交换系统完成植物生命过程的氧气需要,多余的氧气被排斥在组织以外,使组织与氧隔绝,组织不褐变。空气中的氧气不能直接与酚类物质在多酚氧化酶的作用下发生褐变,代谢中的活性氧才是酶促褐变的主要需氧处理条件。

(二)抑制酶促褐变的措施

1. 加热处理

热烫(也称预煮、烫漂)是一种行之有效的传统物理预处理方法,是将果蔬放在热水或热蒸汽中进行短时间的处理过程。热烫具有驱除果蔬组织中的空气,破坏氧化酶的活性,防止酶促褐变,并能软化或改进果蔬的组织结构,使得热烫后的果蔬体积适度缩小,组织适度柔韧。热烫处理也能改变膜的透性,使水分易蒸发,从而加快干制时水分蒸发和腌渍液的渗透等作用。因此,干制前对果蔬原料进行热烫处理是非常必要的。表2-3列出部分蔬菜的热烫条件。

表 2 - 3　部分蔬菜热烫处理条件

蔬菜种类	热烫介质	热烫时间/分
芦笋	热水中	2 ~ 4
青豆	5%食盐水中	3 ~ 7
甘蓝	细片,热水中	1 ~ 1.5
胡萝卜	薄片,热水中	2 ~ 3
	1/4 块状,热水中	10
菠菜	热水中	1 ~ 1.5
花椰菜	热蒸汽中	4 ~ 5
芹菜	热水中	2 ~ 3
豇豆	热水中	6 ~ 8
青豌豆	热水中	1 ~ 1.5
甜椒	整个,热水中	2 ~ 4
白菜	切丝,热水中	1 ~ 1.5

2. 硫处理

应用二氧化硫(SO_2)、亚硫酸及其盐类处理是果蔬干制前重要的护色措施,对果蔬干制具有特别的意义和不可替代的地位。硫处理具有很好的护色效果、抗氧化作用、促进水分蒸发、漂白作用、防腐作用等。主要采用的方法有两种,即熏硫法和浸硫法。

(1)硫处理的方法。

1)熏硫法。是将果蔬原料放置在密闭室内,放置在一定浓度的二氧化硫熏蒸一段时间。可以选用纯净的硫黄进行燃烧或直接购买二氧化硫来得到二氧化硫气体,一般熏硫室的二氧化硫浓度应保持在 1.5% ~ 2%,也可根据每立方米燃烧硫黄 200 克,或者按每吨果蔬原料需用硫黄 2 ~ 3 千克计。熏硫程度以果肉色泽变淡,核窝内有水滴,并带有浓厚二氧化硫,果肉含二氧化硫约 0.1% 即可结束。熏硫结束,打开库门,空气流通,待二氧化硫散尽后方可入内工作。

2)浸硫法。是用一定浓度的亚硫酸或亚硫酸盐溶液浸渍果蔬原料或直接加入到果蔬半成品内,以备日后加工所用。首先,原料经预处理后,放入耐酸腐蚀的容器中,倒入亚硫酸或其盐类溶液至覆盖原料,置于阴凉处密封保藏。亚硫酸(盐)的浓度已有效二氧化硫计算,一般要求为果实及溶液总量的 0.1% ~ 0.2%。例如,果实 1 000 千克,加入亚硫酸液 400 千克,要求二氧化硫的浓度为 0.15%,则所加亚硫酸应含二氧化硫的含量为:$[0.15\% \times (1\,000 + 400)]/400 \times 100\% = 0.52\%$。

各种亚硫酸盐含有效二氧化硫的量不同(表2-4),生产中选用时应根据二氧化硫的含量计算其实际用量。

表2-4 亚硫酸盐中有效二氧化硫的含量

名称	有效二氧化硫(%)	名称	有效二氧化硫(%)
液态二氧化硫(SO_2)	100	亚硫酸氢钾($KHSO_3$)	53.31
亚硫酸(H_2SO_3)	6	亚硫酸氢钠($NaHSO_3$)	61.95
亚硫酸钙($CaSO_3$)	23	偏重亚硫酸钾($K_2S_2O_5$)	57.65
亚硫酸钾(K_2SO_3)	33	偏重亚硫酸钾($Na_2S_2O_5$)	67.43
亚硫酸钠(Na_2SO_3)	50.84	低亚硫酸钾钠($Na_2S_2O_4$)	73.56

(2)采用硫处理需注意的关键问题。

1)酸性条件下采用硫处理效果更显著,一般 pH 在 3.5 以下时,可充分发挥二氧化硫的抑菌防腐等作用。

2)硫处理应避免接触金属离子。因为金属离子可将残留的亚硫酸氧化,还会显著促进被还原色素的氧化变色,故处理时不要混入铁、铜、锡等金属离子。

3)亚硫酸类溶液容易分解失效,所以最好现配现用。

4)经硫处理的原料,只适宜于干制、糖制、制汁、制酒或片状罐头,不适宜于整形罐头。因为产品残留的过量二氧化硫会腐蚀马口铁,生成黑色的硫化铁斑或硫化氢气体。

5)亚硫酸对果胶酶活性抑制较弱,所以有些果蔬经硫处理后仍会变软。可在亚硫酸溶液中添加适量石灰,借以部分生成酸式亚硫酸钙,既能增加硬度,又有亚硫酸的保藏作用。

6)亚硫酸和二氧化硫对人体有毒。人体胃中如有 80 毫克的二氧化硫即有毒性。国际上规定,每人每日允许最大摄入量为 0~0.7 毫克/千克。对于成品中的亚硫酸含量各国规定不一致,但一般要求在 20 毫克/千克。因此,硫处理的半成品不能直接食用,必须经过脱硫处理,再加工成成品。脱硫方法有加热、搅动、充气、抽空等。

3. 使用螯合剂

利用多酚氧化酶是含铜的金属蛋白这一性质,使用一些金属螯合剂对此酶产生抑制作用。生产中最理想的是采用抗坏血酸及其各种异构体,也有采用乙二胺四乙酸(EDTA)及 EDTA 钠盐做螯合剂防止酶促褐变。

4. 调节 pH

添加某些酸如柠檬酸、苹果酸和磷酸降低 pH,有利于抑制褐变。一般控制

pH 在 3.0 以下,酚酶的活性可完全丧失,但是 pH 低于 3.0 时,食品的口感酸化,难以接受。生产中,综合使用混合酸溶液较单一酸的抑制褐变效果显著。

5. 排除空气

酶促褐变是需氧的反应,可通过排除空气或限制于空气中的氧气接触而得以防止。实际生产中,可将干制前切开的果蔬原料浸没在水中、盐液中和糖液中,以防止酶促褐变的发生。

二、非酶褐变及其控制措施

(一)非酶褐变的发生条件

不属酶的作用所引起的褐变,均属非酶褐变。可在果蔬干制及干制品的后续贮藏过程中发生,主要是指羰氨反应(也称美拉德反应),是氨基化合物(包括游离氨基酸、肽类、蛋白质、胺类)与羰基化合物(包括醛、酮、单糖以及多糖分解或脂质过氧化生成的羰基化合物)的反应,最终形成黑色素。

(二)抑制非酶褐变的措施

1. 硫处理

二氧化硫能与不饱和的糖反应形成磺酸,可减少黑蛋白素的形成,因此,采用硫处理可抑制非酶褐变的发生。

2. 半胱氨酸

采用 0.08% 的 L - 半胱氨酸浸泡苹果片,可降低其褐变速度;采用浓度为 0.01% ~ 0.05% 的半胱氨酸处理藕浆,可显著抑制其褐变,其作用机制为半胱氨酸酮还原糖反应产生无色化合物。而且,半胱氨酸是一种营养强化剂,不存在法律限制问题,因此,在实际生产中可采用。

第三节 糖渍和腌渍

有些果蔬干制品在干制前需要进行糖渍或腌渍,之后再进行干制,从而可以赋予产品更好的风味。比如果脯蜜饯类、凉果类等果蔬干制品都是采用这种方法制得的。

一、糖渍

主要是针对水果类原料,在干制进行适当地糖渍处理可制得风味独特的干制品。

(一)果脯蜜饯类糖渍法

糖渍是果脯蜜饯类产品的主要生产工艺,可分为蜜渍和煮渍两类。

1. 蜜渍(冷渍)

蜜渍适用于皮薄多汁、质地柔软的原料。此法的特点在于分次加糖,不用加热,能很好保存产品的色泽、风味、营养价值和原有的形态。生产中常采用下列蜜渍方法:

(1)分次加糖法。即将果品原料先以30%左右的糖液浸渍8~12小时,然后,逐次提高糖液的浓度10%,分3~4次糖渍,直到糖液浓度达到60%~65%为止。整个糖渍过程中不需对果坯加热,但是为了加速糖渍过程,缩短糖渍时间,可对糖液进行适当的加热处理。具体方法如下:

(2)一次加糖多次浓缩法。在蜜渍过程中,分期将糖液倒出,加热浓缩,提高糖浓度,再将热糖液回加到原料中继续糖渍。这种操作方法使得冷果与热糖液接触,利用温差和糖浓度差的双重作用,加速糖分的扩散渗入。具体方法如下:

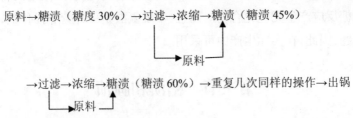

(3)干糖蜜渍法。即采用干砂糖腌渍(即一层原料一层砂糖,最上面再用砂糖覆盖的方法进行腌渍),这种方法较适合水分含量较高、肉质较疏松的果品。

(4)减压蜜渍法。先将果品放入减压锅中,抽真空,使果品内部蒸汽压降低,然后解除真空。利用外压大,内压小,促进糖液渗入过果品中。具体方法如下:

原料→30% 糖液抽空（986.58 千帕,40～60 分）→糖渍 8 小时→45% 糖液抽空（986.58 千帕,40～60 分）→糖渍 8 小时→60% 糖液抽空（986.58 千帕,40～60 分）→糖渍到终点。

2. 煮渍(热渍)

煮渍是将原料在热糖液中合煮的操作方法,多用于肉质致密的耐煮制的果蔬原料。加热煮渍有利于糖分的迅速渗入,缩短加工期,但是色香味和维生素损失较大。煮渍分为以下几种:

(1)一次煮渍法。经预处理好的原料在加糖后一次性煮渍成功。如苹果脯、蜜枣等加工常采用此法。具体操作方法是,先配好 40% 的糖液入锅,然后将处理好的果品倒入,大火加热使糖液沸腾,促使果实内水分外渗,糖液浓度逐渐变稀。最后将剩余的白砂糖分次加入锅中,边加边搅拌,使糖浓度缓慢升高至 60%～65% 时停火。此法快速省工,但持续加热时间长,原料易烂,色香味差,维生素破坏严重,糖分也难以达到内外平衡,致使原料失水而会出现干缩现象。

(2)多次煮渍法。先用 30%～40% 的糖溶液煮到原料稍软时,停火,放凉,进行糖渍 24 小时。然后再进行煮渍,并增加 10% 的糖浓度,煮沸 2～3 分,放凉,糖渍 24 小时。直到糖浓度达到 60% 以上。此法每次加热时间段,辅以冷却糖渍,逐步提高糖浓度,因而获得的产品质量较优。适用于细胞壁较厚、难以渗糖(易发生干缩)、易煮烂的柔软果品或含水量高的原料。但是该法加工时间过长,煮渍过程不能连续化,费工、费事、占容器。

(3)快速煮渍法。让果品在糖液中交替进行加热糖煮和放冷糖渍,使果品内部水气压迅速消除,糖分快速渗入而达到平衡。具体操作方法是,将原料装入网袋中,先在 30% 的热糖液中煮 4～8 分,取出立即浸入等浓度的 15℃ 糖液中冷却糖渍。如此交替进行 4～5 次,每次提高糖浓度 10%,最后完成煮制过程。

处理好的果品→30% 的糖液中煮 4～8 分→15℃ 的 30% 糖液中冷却糖渍 2～3 分→40% 的糖液中煮 4～8 分→15℃ 的 40% 糖液中冷却糖渍 2～3 分→50% 的糖液中煮 4～8 分→15℃ 的 50% 糖液中冷却糖渍 2～3 分→60% 的糖液中煮 4～8 分→15℃ 的 60% 糖液中冷却糖渍 2～3 分。

该法是人们在实践生产中创制的可实现连续生产的方法,具有加工时间短、加工产品质量高的优点,但是需要配备有足够的冷糖液。

(4)减压煮渍法。又称真空煮渍法。其具体方法如下:

原料→煮软→25% 糖液中抽真空(85.33 千帕,4～6 分)→糖渍→40% 糖液中抽真空(85.33 千帕,4～6 分)→糖渍→60% 糖液中抽真空(85.33 千帕,4～6 分)→糖渍。

该法保证原料在真空和较低温度下煮沸,因而糖分能迅速渗入原料组织内部,温度低,时间短,对加工制品的色香味和各种营养成分破坏小,产品质量优于常压煮渍。

(5)扩散煮渍法。原料装在一组真空扩散器内,用由淡到浓的几种糖液,对一组扩散器的原料,连续多次进行浸渍,逐步提高糖浓度。操作时,先将原料密闭在真空扩散器内,抽空排除原料组织中的空气,而后加入95℃热糖液,待糖分扩散渗透后,将糖液顺序转入另一扩散器内,再在原来的扩散器内加入较高浓度的热糖液,如此连续进行几次,制品即可达到要求的糖浓度。这种方法是真空处理,煮渍效果好,可实现连续化操作。

(二)凉果类糖渍法

凉果一般是以梅、杏、橄榄等果品为原料,先盐腌成果坯进行盐藏,再将果坯脱盐,添加多种辅助原料,如甘草、糖精、食用有机酸及天然香料(如丁香、肉桂、豆蔻、茴香、陈皮、山奈、蜜桂花和蜜玫瑰花等),采用拌砂糖或用糖液蜜渍,再经干制而成的甘草类制品。凉果类制品具有咸、甜、香兼有的多元风味,属于低糖蜜饯,深受消费者的青睐。代表性的产品有话梅、话李、陈皮梅、橄榄制品等。

二、腌渍

主要是针对制作凉果类的原料,在干制前进行适当地腌渍处理可制得风味独特的干制品。

(一)腌渍剂

1. 咸味料
主要是食盐。食盐质量的好坏直接影响腌渍食品的最终品质,应选择色泽洁白、氯化钠纯度高、水分及杂质含量、卫生状况符合国家食盐卫生标准(GB 2721—2003)的粉状精致食盐。

2. 甜味料
主要是食糖,有白砂糖、红糖、冰糖、饴糖、蜜糖等。

3. 酸味剂
主要是食醋。分为酿造醋和人工合成醋。

4. 防腐剂
常采用的防腐剂有苯甲酸及其钠盐、山梨酸及其钾盐、亚硫酸盐等。

(二)腌渍方法

凉果类的代表性产品,如话梅、话李等都是采用先盐腌再多种调味料腌制,最后干制得到的。一般是以梅、李、橄榄等果品为原料,先盐腌成果坯进行盐藏,再将果坯脱盐,添加多种辅助原料,如甘草、糖、酸及各种天然香辛料(如丁香、肉桂、豆蔻、茴香、陈皮、山奈、蜜桂花等),采用拌砂糖或用糖液蜜渍,再经干制加工而成的干草类制品。因此,凉果类制品具有咸、甜、香等多种风味,深受消费者的欢迎。

第三章
果脯蜜饯的加工

章节要点

1. 果脯蜜饯原料的选择。
2. 果脯蜜饯的加工工艺。
3. 果脯蜜饯加工机械与设备。
4. 果脯蜜饯的质量评价及质量控制。
5. 果脯蜜饯的低糖化发展趋势。

第一节　原料的选择

　　果脯蜜饯是未经破碎而进行糖制的加工产品,小型果以整形果进行直接糖制,大型果可切分成块再进行糖制,基本保持果蔬的形态结构。果脯蜜饯产品种类繁多,有200多种,而且果脯与蜜饯之间没有严格的区别,主要是习惯叫法的差异,都是具有一定组织结构和形状的果蔬糖制品。由于果脯蜜饯类须保持果实或果块形态,因此,要求原料肉质紧密,耐煮性强,在绿熟到完熟期采收。果脯蜜饯类产品对原料的要求不严,除正常的商品果蔬外,各种自然落果,酸、涩、野生果,不宜生食的橄榄和梅子等,均可依其加工特性,将其制成果脯、蜜饯和凉果。一般应选用水分含量较低、固形物含量较高、果核小、肉厚的品种,以成熟度为八九成且新鲜的原料为宜,剔除腐烂、霉变、有病虫的原料。

一、蜜饯的分类

蜜饯是指将果蔬进行整理、硬化等预处理,加糖煮制而成的具有一定形态的高糖产品,含糖量一般为60%~70%。

(一)按产品形态及风味分类

1. 湿态蜜饯

果蔬原料糖制后,按罐藏原理保存于高浓度糖液中,果形保持完整、饱满,质地细软,味美,呈半透明状。如蜜饯樱桃、蜜金橘等。

2. 干态蜜饯

果蔬原料糖制后,进行烘干处理,干制至不黏手、外干内湿、半透明状态,有些产品表面裹一层半透明糖衣或结晶糖粉。如橘饼、冬瓜条、糖藕片等。

3. 凉果

指用咸果坯为主原料的甘草制品。果品经盐腌、脱盐、晒干,加配调料蜜制,再烘干制成。制品含糖量不超过35%,属于低糖制品。凉果类制品外观保持原果形,表面干燥、皱缩,有的表面有盐霜,味甘美,酸甜略咸,有原果风味。如陈皮梅、话梅、橄榄制品等。

(二)按产品的加工方法分类

1. 京式蜜饯

主要代表产品是北京果脯,如各种果脯、山楂糕、果丹皮等。一般产品果体透明,表面干燥,不黏手。

2. 苏式蜜饯

起源于苏州,现已遍及江、浙、沪、皖等地,是我国江南一大名特产,代表产品有两类:

(1)糖渍蜜饯类。表面微有糖液,色鲜肉脆,清甜爽口,原果风味浓郁。如糖青梅、糖渍无花果、蜜渍金橘等。

(2)返砂蜜饯类。制品表面干燥、微有糖霜,色泽清新,形态别致,酥松味甜。如天香枣、白糖杨梅、苏式话梅、苏州橘饼等。

3. 广式蜜饯

以凉果和糖衣蜜饯为代表产品。主产地为广州、潮州、汕头,大量出口东南亚和欧美。

（1）凉果。甘草制品，味甜、酸、咸适口，回味悠长，如奶油话梅、陈皮梅、甘草杨梅、香草芒果等。

（2）糖衣蜜饯。产品表面干燥，有微霜，原果风味浓。如糖莲子、糖姜片、冬瓜条、蜜菠萝等。

4. 闽式蜜饯

主产地为福建漳州、福州、泉州，以橄榄制品为主，远销东南亚和欧美等国，是我国别树一帜的凉果产品。其最大的特点是肉质细腻致密，添加香味突出，爽口而有回味。如大福果、丁香橄榄、蜜桃片、盐金橘等。

5. 川式蜜饯

以四川内江地区为主产区，代表产品有橘红蜜饯、川瓜糖、蜜辣椒、蜜苦瓜等。

二、主要的果脯蜜饯制品适宜的原料品种

在蜜饯加工中，也常常使用丁香、肉桂、厚朴、檀香、八角、陈皮、山奈等天然香辛料，可以赋予最终的产品抗氧化、抗病菌等药理特性，同时也可使产品具有增进食欲、消除异味之功效，因此，开发功能性的果脯蜜饯类产品大有可为。适宜的果脯蜜饯类原料有青梅类制品、蜜枣类制品、橘饼类制品、杨梅类制品、橄榄制品、苹果脯、梨脯、桃脯、杏脯、蔬菜类糖制品，等等。

1. 青梅类制品

青梅类制品的原料是龙脑香科青梅属青梅中乔木的果实，以果大、皮薄、肉厚、核小、酸度适中的品种为佳，在绿熟期采收。大果适于加工雕花梅，中等以上果实宜加工成糖渍梅，小果则适宜加工成青梅干、话梅和陈皮梅等制品。

2. 蜜枣类制品

宜选果大核小、质地较疏松的品种。如安徽宣城的尖枣和圆枣，广德的牛奶枣和羊奶枣，浙江东阳的大枣和团枣，兰溪的京枣、扑枣，北京的糠枣，山西的泡红枣，河南新郑的秋枣，河北阜平的大枣等都是适宜加工蜜枣的品种。大枣宜在果实由绿转白时采收，全绿果和全红果均不宜加工蜜枣。

3. 橘饼类制品

金橘饼以质地柔韧、香味浓郁的罗纹和罗浮最好，其次是金弹和金柑。橘饼宜以宽皮橘类为主。如若加工带皮的橘饼，宜选择苦味淡的中小型品种，如浙江黄岩的朱红。

4. 杨梅类制品

选择果大核小、色红、肉桂齿的品种，如浙江萧山的枣色、余姚的草种。

5. 橄榄制品

选择肉质脆硬的惠园和长营两个品种最好,药果、福果、笑口榄等品种也适宜加工。橄榄一般在肉质脆硬、果核坚硬时采收,过早或过晚采收的果实都会影响最终制品的质量。

6. 苹果脯

最适宜制作苹果脯的是河北怀柔的小苹果、花红、海棠等品种,国光、红玉、青香蕉等也是较好的果脯制作品种。

7. 梨脯

选择石细胞少、含水分较少的鸭梨、莱阳梨、雪花梨、秋白梨等品种最好。

8. 杏脯

应选择离核的铁叭哒等品种。

9. 蔬菜糖制品

瓜类原料宜选择果大、肉厚瓤小、组织致密的品种,如广东青皮冬瓜;胡萝卜蜜饯宜选肉质橙红色、中心柱小的品种;糖姜片应选择肉质肥厚、致密、少筋、块形较大的新鲜嫩姜。

第二节　果脯蜜饯的加工工艺

一、水果类果脯蜜饯加工工艺

(一)无核蜜枣

蜜枣是中国糖制果品的代表产品。鲜枣和干枣都可用于制作果脯、蜜饯,但使用鲜枣制作时要注意掌握其成熟度,应在果实由青转白时采收,因为成熟度低的果实不易吸收糖分,成熟度高的果实则易煮烂,且不易烘干。选择果形大、果肉肥厚且疏松、果核小、皮薄而质韧的品种,如北京的糖枣、山西的泡枣、浙江的大枣、河南的灰枣、陕西的团枣等。干枣易于渗糖,不受季节限制,是制作果脯、蜜饯的常用原料。蜜枣的主要产地及加工方式如表3-1所示。

表 3 – 1　蜜枣主要产地及加工方式

种类	加工方式	品质特点	省、直辖市	市、县
北京蜜枣	京式	扁长圆形,琥珀色,透明,有光泽,丝纹细密,质地柔软,有枣香味	北京市河北省天津市	平谷、昌平、顺义、房山、蓟县、通州区、三河市
福州蜜枣	京式	长圆形,浅黄或黄褐色,有光泽,质地韧,有原果风味	福建省	福州市、泉州市、莆田、仙游等县
苏州蜜枣	苏式	扁圆略长,琥珀或红褐色,丝纹细密,身干爽而微有糖霜,质地酥松,有原果风味	江苏省	苏州市、徐州市、溧阳市
浙江蜜枣	苏式	与苏州蜜枣基本相同,但丝纹较疏	浙江省	兰溪、义乌、乐阳、淳安、桐庐
广西蜜枣	苏式（桂式）	枣呈元宝形,长扁圆而中间凸凹。琥珀或深黄褐色,有丝纹,枣身干爽硬朗,表面糖霜重。味甜,入口易溶化,核极细呈针形	广西壮族自治区	南宁市、玉林、梧州市、苍梧、平南、贺州市、田阳、田东
都城蜜枣	苏式（广式）	长扁圆形,琥珀或金黄色,枣身干爽。品质近于广西蜜枣	广东省	广州市、郁南、连州市
木洞蜜枣	苏式（川式）	枣子呈原来形状,金黄或红褐色,枣身干爽,味清甜,口感松软。又称木洞晒枣	四川省	重庆市
赣州蜜枣	苏式（赣式）	与广西蜜枣基本相同。有自然形,不规则。果小核也小,有的小果形称为珍珠蜜枣	江西省	赣州、赣县、南康

1. 原料

干红枣、白砂糖、柠檬酸。

2. 工艺流程

原料选择→去核→切缝熏硫→糖制→浸泡→煮制→浸渍→摊晾→烘干→包装→成品。

3. 操作要点

（1）原料选择。无核蜜枣须选用成熟、丰满的红枣,以河间出产的鸡心枣、灰枣为最佳。特别是离核的灰枣,制成无核蜜枣后,色泽红润,柔韧香甜。加工前须将干红枣挑选分离,剔除霉枣、烂枣等劣质枣。

(2)去核。将直径为6~8毫米(约是枣核的横径)的铁管一端磨制锋利,从枣的一端扎进去,拔出时,将枣核带出。连续操作,枣核则从铁管的另一端不断顶出。也可以用去核机将枣核捅出。

(3)切缝。用排针或切缝机将每个枣果切缝80~100条,深度以果肉厚度的一半为宜。如果切缝太深,糖煮时易烂;切缝太浅,糖液又不易渗入。切缝要求纹路均匀,两端不切断。

(4)熏硫。北方蜜枣在切缝后进行硫处理,将枣果装筐,入熏硫室处理30~40分,硫黄用量为果重的0.3%,有时也可用0.5%的亚硫酸氢钠溶液浸泡原料1~2小时。南方蜜枣不进行硫处理,在切缝后进行糖制。

(5)糖制。南方蜜枣用小锅糖煮,每锅鲜枣9~10千克,加入白砂糖6千克,水1千克,采用分次加糖一次煮成法,煮制时间为1~1.5小时。先用3千克白砂糖,1千克纯净水,于煮糖锅中溶化煮沸,倒入枣果,大火煮沸10~15分,再加入白砂糖2千克,迅速煮沸,并加入30克柠檬酸,煮至枣果呈透明状、质地柔软,糖液浓度达到65%时停火。北方蜜枣用大锅糖煮,先配制40%~50%的糖液35~45千克,与50~60千克枣同时下锅,大火煮沸,加枣汤2.5~3千克,煮沸,如此反复三次后,开始六次加糖煮制。第一至第三次,每次加糖5千克和枣汤2千克;第四和第五次,每次加糖7千克;第六次加糖10千克。煮沸20分后,开始糖渍。

(6)浸渍。将煮好的枣果连同糖液一起糖渍48小时左右,至枣肉内部渗满糖液为止。

(7)摊晾。沥净多余糖液,摊放在竹席上,枣坯厚度不超过4厘米,摊晾12小时左右,使枣坯外表的水分部分蒸发。

(8)烘干。将经摊晾后的枣坯摆放在烘盘或竹屉上送至烘干室烘制,初期烘干温度为55℃,中期不超过65℃,烘至果面有薄糖霜析出,时间约为24小时。趁热将枣果加压成形(长圆形、扁腰形或元宝形)。复烘温度为50~60℃,烘至枣果表面析出一层白色糖霜,须30~36小时,待枣坯外皮产生均匀的皱纹,手握枣坯有顶手的感觉时,即可取出。

(9)包装。将烘干的蜜枣经挑选、分类后,真空密封包装。

4. 产品质量要求

优质蜜枣为琥珀色、红褐色或淡棕色,枣形完整,枣身干燥,半透明,有光泽,外干内湿,无种子,组织饱满,质地酥松,丝纹细密,微有糖霜,有红枣风味,总糖含量大于65%,含水量低于16%。

(二)猕猴桃果脯

猕猴桃果实营养丰富,经济价值高,有"水果之王"的美誉。然而,猕猴桃果实属于浆果,采收后很容易成熟软化,达到可食用的成熟度时由于硬度降低,因此不适合加工果脯。

1. 原料

猕猴桃、白砂糖、氯化钙、碳酸氢钠、柠檬酸。

2. 工艺流程

原料选择→去皮→切片→硬化、护色→第一次真空渗糖→第二次真空渗糖→沥糖→烘干→包装→成品。

3. 操作要点

(1)原料选择。成熟度过高的果实由于硬度低,不能很好地进行切片操作,而成熟度过低时,果实的酸度大,口感不好。因此,应选择新鲜、成熟度七八成左右的猕猴桃果实为宜。

(2)去皮。可采用手工去皮,也可采用碱液去皮。采用碱液去皮是将猕猴桃果实放入16%的沸氢氧化钠的溶液中浸泡约1分,待果皮发黑时,取出果实,立即用清洗冲洗,摩擦去皮。

(3)切片。采用切片机将猕猴桃切成10～12毫米的果片。

(4)硬化、护色。将切好的猕猴桃片放在含有0.5%的氯化钙、0.1%碳酸氢钠和0.1%的柠檬酸的硬化护色混合液中处理1小时。

(5)第一次真空渗糖。将硬化、护色后的猕猴桃片装入网袋,投入到浓度为40%真空浸糖罐中,抽真空,使真空度达到0.08兆帕,60℃,并保持10分,然后解除真空,如此重复三次。

(6)第二次真空渗糖。将从真空浸糖罐中取出的猕猴桃片投入到浓度为60%的真空浸糖罐中,抽真空,使真空度达到0.08兆帕,60℃,并保持10分,然后解除真空,如此重复三次。

(7)沥糖。将装有猕猴桃的网袋,放入电动沥水机中,沥去糖液。

(8)烘干。将猕猴桃片放在不锈钢网上,送入烘房内干燥。干燥前期温度控制在50℃,待半干时,再将温度提高到55℃,直到干燥好的果脯不黏手,即可取出。

(9)包装。按果片色泽、大小、厚薄进行适当的分级,将破碎、色泽差、有斑疤黑点的拣去。采用 PE 袋定量包装。

4. 产品质量要求

猕猴桃片大小、厚度较一致,色泽呈淡绿色或淡黄色,色泽较一致,半透明,有光泽,质地软硬适度,具有猕猴桃的清香风味,无异味,含糖量在 50% ~60%,含水量低于18%。

(三)梨脯

1. 原料

梨、1%食盐水、2%亚硫酸氢钠溶液、白砂糖。

2. 工艺流程

原料选择→清洗→预处理→浸硫→清洗→糖煮、糖渍→整形→烘干→包装→成品。

3. 操作要点

(1)原料选择。剔除腐烂及病虫害果实,选择果形整齐、肉质厚、成熟度八成左右的新鲜梨果作为原料。

(2)清洗及预处理。采用清水洗去果实表面的泥土、杂质等污物,然后采用手工去皮或用专用的去皮机去除梨果的表皮。去皮后的果实立即浸入 1% 的食盐水中护色,纵切两半,挖去种子和籽巢。

(3)浸硫。将切好的梨果浸入 2% 亚硫酸氢钠溶液中 15 ~20 分,捞出后立即用清水冲洗,沥干。

(4)糖煮、糖渍。控制梨果肉和白砂糖的比例为 1:(0.5 ~0.8)。先将糖的80%化成50%糖浆,取大部分糖浆煮沸将梨倒入,迅速加热至沸腾,维持 15 ~20分,将梨片和糖液一起起锅,糖渍 24 小时。再加入浓度为 50% 的冷糖浆,分两到三次加入,每次间隔 10 分,煮至梨片开始透明时,加入剩余的干砂糖,沸腾 15~20 分,继续糖渍24 ~36 小时,使糖液充分渗透到梨片的肉质中,待整个梨片完全透明即可出锅。

(5)整形。将浸渍后的梨片加压成形(长圆形或扁腰形)。

(6)烘干。将整形后的梨片放在烘盘上,送入烘房,在 50 ~60℃的温度下烘至24 ~36 小时,直到干燥好的果脯不黏手,即得成品。

(7)包装。将形状不一致的、色泽较差的不合格梨片及时挑出,采用塑料薄膜进行定量包装。

4. 产品质量要求

梨脯呈浅黄色,半透明,形状丰满完整,无破碎,不返砂结晶,质地柔韧细致,具有梨果应有的风味和香气,无异味。含糖量为 65%,含水量为 17% ~ 20%。

(四)菠萝脯

1. 原料

菠萝、0.1% 焦亚硫酸钠、0.5% 石灰、白砂糖。

2. 工艺流程

原料选择→清洗、分级→去皮、去心→修整→切分→护色、硬化处理→漂洗→热烫→糖渍→烘干→包装→成品。

3. 操作要点

(1)原料选择。剔除病、虫、烂果,选择成熟度八成左右的新鲜菠萝为原料。

(2)清洗、分级。用清水冲洗掉果皮上附着的泥沙和微生物等污物,按照果实的大小分等分级。

(3)去皮、去心。用手工或机械去皮捅心,刀筒和捅心筒口径要与菠萝大小相适应。

(4)修整。用不锈钢刀去除残留果皮及果上的斑点,并采用清水冲洗干净。

(5)切分。将去皮捅心后的菠萝果身在直径 5 厘米以内的横切成 1.5 厘米厚的圆片;直径在 5 厘米以上的先横切成 1.5 厘米厚的圆片,然后再分切成扇形片。果心组织致密,可斜切成 0.5 厘米椭圆形片。

(6)护色、硬化处理。切分后的果片用 0.1% 的焦亚硫酸钠和 0.5% 石灰的混合溶液浸泡 8 ~ 12 小时,然后漂洗干净。

(7)热烫。将菠萝块冲洗后,放入沸水中漂烫 5 分左右,捞出沥水。

(8)糖渍。趁果块尚热时用 30% 的白砂糖,一层果块一层糖地放入缸中糖渍,经 24 小时后,将糖液回锅,再将 15% 的白砂糖热溶液倒入果块中,浸渍 24 小时。如此多次渗糖,使果块的糖含量达到 65% 左右时即可捞出。

(9)烘干。将果块捞出后,沥去糖液,均匀摊放在烘筛上,送入干燥机中,等到在 60 ~ 65℃ 条件下干燥的果块不黏手,即可结束烘干。

4. 产品质量要求

菠萝果脯外观整齐,组织饱满,表面干燥不黏手,橙黄色,有光泽、半透明,具有菠萝风味,含水量为 18% ~20%,含糖量为 50% ~60%。

(五)杏脯

1. 原料

杏、0.2% 亚硫酸氢钠溶液、白砂糖。

2. 工艺流程

原料选择→切分→护色、漂洗→糖煮、糖渍→烘干→包装→成品。

3. 操作要点

(1)原料选择。选择质地柔韧、皮色橙黄、肉厚核小、含纤维少、成熟度七八成的鲜杏。果实外形整齐,剔除腐烂、虫蛀及病虫害果。

(2)切分。鲜杏平放,缝合线朝上,用刀切开,挖核。

(3)护色、漂洗。切分去核后的杏果放入 0.2% 亚硫酸氢钠溶液中浸泡 20 分,之后,捞出,清水冲洗,漂去亚硫酸氢钠的残留液。

(4)第一次糖煮及糖渍:先将浓度为 35% ~40% 的糖液煮沸,倒入杏果,煮 10 分,待果实表面稍膨胀,并出现大气泡时,即可倒入缸中,进行糖渍,糖渍 12 ~24 小时。糖渍的溶液须浸没果实。

(5)第二次糖煮及糖渍:第一次糖渍结束后,向糖渍液中补加白砂糖,使糖浓度达到 50%,再次煮沸 2 ~3 分,捞出杏果,沥去糖液。转移到筛帘上进行晾晒,使杏的凹面朝上,让水分自然蒸发。当杏失重 1/3 左右时,进行第三次糖煮。

(6)第三次糖煮及糖渍:将糖液浓度调到 65%,倒入杏果,煮制时间为 15 ~20 分。当糖液浓度达到 70% 以上时,将杏果捞出,沥干糖液,进行烘制。

(7)烘干。将捞出的杏果均匀摊在烘盘中,送入烘房,在 55 ~65℃ 条件下进行烘制,待干燥至不黏手时,即成杏脯。

(8)包装。冷却后,先将杏脯定量装入塑料薄膜包装袋中,再装入纸箱中。要避免成品回潮,应贮存于通风干燥处。

4. 产品质量要求

杏脯呈淡黄色或橙黄色,略透明,组织饱满,块形大小一致,质地软硬适度,具有杏的酸甜风味,无异味。含水量低于 20%,含糖量为 60% ~65%。

（六）橘饼

1. 原料

四川红橘、白砂糖。

2. 工艺流程

原料选择→刨皮→切缝、压汁、去种子→硬化→漂洗→预煮→糖渍→压扁→烘干→拌糖→包装→成品。

3. 操作要点

（1）刨皮。刨皮与否依据橘子品种和产品规格而定。以四川红橘为原料时，因其皮厚、味苦，须用刨刀刨去红黄外皮（油胞层）。而橘皮薄的浙江早橘可不去皮。

（2）切缝、压汁、去种子。用划果器沿每一囊瓣背面纵切一刀，深至果肉，放入压榨机中压扁、挤汁、去种子，压出的汁液可作果汁、饮料和果酒等原料，种子则可榨油。

（3）硬化、漂洗。将橘坯放入12%～15%的食盐水和1%石灰水中腌渍1～2小时，取出压干，再用清水漂洗、压干，反复操作3次左右，除去残留石灰。

（4）预煮。将漂洗干净的橘坯倒入预先煮沸的清水中热烫5～10分，直至果肉透明为止，取出压干。

（5）糖渍。采用分次加糖一次煮成法。按100千克橘坯、50千克白砂糖的比例，先取20千克糖加水溶化，倒入橘坯，使之吸收糖液，排出水分，然后将剩余的糖加入溶化，加热煮沸，不断搅拌，煮制橘坯全部透明时捞出，沥干糖水，冷却。

（7）压扁。煮好的橘坯冷却后，人工压扁呈圆形。

（8）烘干。将压扁后的橘坯送入烘房中干燥至不太黏手时，撒上糖粉拌匀。

4. 产品质量要求

产品呈橘红色或橙红色，有光泽，形态美观，外干内湿，无种子，具有橘饼的风味，软硬适度，总含糖量为70%，含水量小于20%。

（七）芒果脯

1. 原料

芒果、白砂糖、0.2%焦亚硫酸钠、0.2%氯化钙。

2. 工艺流程

原料选择→去皮、切片→护色、硬化→清洗→预煮→糖渍→烘干→包装→成品。

3. 操作要点

(1)原料选择。要求芒果的成熟度不可过高,过熟的芒果不宜制作芒果脯,达到硬熟阶段的果实即可。对于原料的要求不严,一些不上等级的次果及未成熟的落果都可作为加工蜜饯的原料。

(2)去皮、切分。一般采用人工去皮,去皮后用锋利的刀片沿核纵向斜切,果片大小厚薄要一致,厚度约0.8厘米。

(3)护色、硬化。采用0.2%焦亚硫酸钠和0.2%氯化钙的混合溶液,使芒果块浸渍在溶液中4~6小时。然后捞出,清水漂洗,沥干水分。

(4)预煮。先将水煮沸,倒入芒果块,预煮时间控制在2~3分,以原料达到半透明并开始下沉为度。

(5)糖渍。将预煮后的芒果脯直接倒入30%的冷糖液中浸泡,糖渍24小时后,捞出芒果块,补加白砂糖,使糖液浓度达到40%,加热煮沸后倒入芒果块中,利用温差加速渗糖。如此反复几次渗糖,最终使原料的含糖量达到45%左右即可制得芒果低糖果脯。

(6)烘干。待芒果块达到要求的含糖量时,捞出沥去糖液,采用热水淋洗,去掉表面的糖液。然后让芒果块摊放于烘盘上,干燥时温度控制在60~65℃,其间要进行翻动,保证干燥均匀。

(7)包装。芒果脯干燥过程中会发生变形,因此,在干燥后需要趁热压平。可采用防潮防霉的包装袋,定量包装。

4. 产品质量要求

芒果脯呈深橙黄色或橙红色,有光泽,半透明,外观整齐,组织饱满,表面干燥不黏手,具有浓郁的芒果香味。含水量小于20%。

(八)丁香李脯

李果酸涩味较重,将其加工成蜜饯产品,既能改善风味,又能开胃生津。

1. 原料

鲜李、白砂糖、食盐、甘草粉。

2. 工艺流程

原料选择→制坯→洗坯、初脱盐→冷水浸泡→加热煮制→冷却、再脱盐→糖渍→干腌→暴晒→浸糖水→暴晒→浸糖水→暴晒→下料浸渍→暴晒→浸残剩糖水→暴晒→包装→成品。

3. 操作要点

(1)原料选择。选择成熟度处于坚熟期(七八成熟)的鲜李。

(2)制坯。将鲜李倒入摇李机,淋少量清水。加入2%的食盐,开机转动3~5分,至李果表面有密布小针头般的斑点,表皮光滑消失时便可停止摇动。然后倒入腌渍池中,添加食盐(为总质量)10%~12%,下少上多,一层李撒一层盐,盖上竹垫并压上重物防止李上浮。腌渍1天后,加入15%~20%的食盐水淹没李,让其静置腌渍10天以上。将腌渍好的李果捞出沥干盐水,摊铺于干净的晒垫上连续暴晒数日,每天翻动3~4次。当李面晒至微起盐霜,皱纹多而深,用指甲插入李肉内,插口无水痕,肉质硬中有软,含水量降至15%~20%时,即可入室回软。当李坯内外水分含量一致,肉体松软有弹性,表皮油润时即可。回软后,凡是李坯表面无水痕的即可装袋入库,否则要再进行晒制,晒好后稍加回软即可装袋入库。

(3)洗坯、初脱盐、浸泡。将李坯倒入冷水中冲洗4~5遍,脱去大部分盐分,移至桶或池中,加水浸泡李面约5厘米,浸泡8~12小时。

(4)加热煮制。捞出李坯,投入开水锅中加热煮制,水与李坯的比例为2:1。煮制期间要翻动几次,煮至李坯充分膨胀,表面光亮,周身皱纹很少,手感柔软时即可。

(5)冷却、再脱盐。将煮制好的李坯捞起倒入干净的冷水中浸泡冷却,要求冷水没过李坯面8厘米,并换几次水。当李坯完全冷却,咸味很淡时,捞起,沥干。

(6)干腌、暴晒。将沥干的李坯倒入腌渍桶中,加入30%(按鲜李计,质量分数)白砂糖,分层撒于李坯中,腌渍2天,其间翻动数次。将腌好的李坯取出,暴晒至体积缩小1/5~2/5。

(7)湿腌、暴晒。于第一次腌渍的糖液中补加15%(按鲜李计,质量分数)的白砂糖,并补加适量水,煮沸,将李坯浸渍36小时。沥干后暴晒1天,晒至李坯表面无水痕,肉质略皱缩。

(8)浸渍、暴晒。取1.5%的甘草粉,以适量水熬制成甘草水,过滤后于滤液中加入0.08%(按鲜李计,质量分数)的糖精、0.22%(按鲜李计,质量分数)的柠檬酸,溶化后加入湿腌后的糖液中煮沸。然后将李坯倒入,浸渍 36 小时。将浸渍好的李坯取出,暴晒 1 天,当李坯晒至表面无水痕,肉质略皱缩时,即可回桶再浸。

(9)再浸渍、暴晒。按上述相同的方法制备含同样浓度糖精和柠檬酸的甘草水,过滤后于滤液中加入质量分数为 0.05% 的香兰素、0.05% 的苯甲酸钠,加入上一轮的浸渍液,一起煮沸。加入李坯浸渍 36 小时。取出李坯曝晒 1 天,晚上再浸渍,第 2 天取出暴晒。如此反复几次,直到料液被全部吸收,并晒至李坯表面糖液呈胶黏状时即可入库。

(10)包装。将晒好的李坯用双层纸(内层用薄膜纸,外层用蜡纸)单颗包好,按不同质量规格要求装袋密封。

4. 产品质量要求

果形完整,大小基本一致,果皮有皱纹,表面略干,甜、酸味,不黏手,含水量小于 20%。

(九)话皮榄

橄榄含有丰富的营养,特别是钙质含量高,每 100 克果肉含钙量达 204 毫克。橄榄品种很多,因其果肉少汁,富含单宁,味苦涩而酸,所以只有少数品种可鲜食,大部分品种用于加工成蜜饯类糖制品。

1. 原料

橄榄、食盐、白砂糖。

2. 工艺流程

原料选择→去皮→盐腌→漂洗→蒸煮→糖渍→漂烫→烘制→整理→包装→成品。

3. 操作要点

(1)选料、去皮。选用中型、细皮、肉厚的品种。以果色开始转黄时采收为宜,采用 2% 的氢氧化钠沸碱液去皮,然后清水漂洗,洗净残留碱液。

(2)盐腌、漂洗。将去皮后的橄榄果实放入缸中,加入原料量 40% 的食盐,不断搅拌,使橄榄果与盐摩擦,搅拌 20~30 分,促使橄榄汁渗出,然后,用清水漂洗干净。

(3)蒸煮。将腌制后的橄榄坯倒入高压糖煮锅中,放入清水,淹没橄榄坯。以 0.15 兆帕的压力蒸煮 10~15 分,以使橄榄坯变得松软。再将橄榄取出,冷却,沥干水分。

(4)糖渍。将橄榄坯倒入质量分数为50%的糖液中,加热至沸,待糖液浓度浓缩提高至65%时停止加热,糖液浸泡橄榄果24小时。然后,按原料质量分数计算,加入麦芽糖浆20%、脱苦陈皮粉1%、苯甲酸钠0.1%等配料于糖液中,再加热煮沸,使糖液质量分数熬煮至80%时,倒入缸中,浸渍60~70小时。

(5)漂烫。将橄榄果捞出,用沸水漂烫1~2秒,洗去表面的糖液。

(6)烘制。将漂烫后的橄榄果置于烘盘中,于60℃的条件下烘至橄榄果实表面干燥,含水量降至18%以下即可。

(7)包装。将干燥的橄榄果冷却后,装入复合薄膜袋中抽真空密封包装。

4. 产品质量要求

产品果形完整,大小基本一致,表面略干,水分含量小于20%。

(十)话梅

话梅含有盐、糖、酸、甘草及各种香料,因此酸甜可口,甜中带甘,爽口,还有清凉感,是一种能帮助消化和解暑的旅行食品。各地加工方法大致相同,只是配料有所差异,味道也略有不同。

1. 原料

梅果、食盐、白砂糖、甜蜜素、甘草、柠檬酸。

2. 工艺流程

原料选择→腌渍→烘干→果坯脱盐→烘制→浸液制备→浸坯处理→烘制→整理→包装→成品。

3. 操作要点

(1)原料选择。选择成熟度八九成的新鲜梅果,剔除霉烂果。

(2)腌渍。每100克鲜梅果加食盐18~22千克进行盐腌,在盐腌制过程中,要求一层梅果一层盐,腌渍7天(具体时间常因品种、温度等而异),每隔2天翻动一次,促使盐分渗透均匀。

(3)烘干。待梅果腌透后,将梅坯捞出沥干,然后放入烘箱,在55~60℃条件下烘至含水量降至10%左右。

(4)果坯脱盐。烘干后的梅坯用清水漂洗,脱去盐分的方法。有时采取脱去一半盐分的方法,有时采取三浸三换水的方法,使盐坯脱盐残留量为1%~

2%,果坯近核部略感咸味为宜。

(5)烘制。将漂洗过的梅坯沥干水分,60℃条件下烘至半干。以梅果肉用指压尚觉稍软为度,不可烘到干硬状态。

(6)浸液制备。每100千克果坯的浸液用量及配制如下:水60千克,糖15千克,甜蜜素0.5千克,甘草3千克,柠檬酸0.5千克,食盐适量。先将甘草洗净后以60千克水煮沸浓缩到55千克,过滤,取过滤甘草汁,然后加入上述各配料制备成甘草香料浸渍液。

(7)浸坯处理。把甘草香料浸渍液加热到80~90℃,趁热拌入果坯,缓慢翻动,使梅坯充分吸收甘草糖液。浸液分次加入果坯到果面全湿后停止翻拌,移出,烘到半干。再进行浸渍翻拌,如此反复直到吸完甘草香料液为止。

(8)烘制。把吸完浸渍液后的果坯放入烘盘,摊开,在60℃条件下烘制含水量在18%左右。

(9)包装。在话梅上均匀喷洒香草香精,然后装入聚乙烯塑料薄膜食品袋中,再装入纸箱,存放于干燥处。

4. 产品质量要求

黄褐色或棕色,果形完整,大小基本一致,果皮有皱纹,表面略干;甜、酸、咸适宜,有甘草香味,回味持久,总含糖量在30%左右,含盐3%,含酸4%,水分含量小于20%。

二、蔬菜类果脯蜜饯加工工艺

(一)冬瓜条

1. 原料
冬瓜、白砂糖、1.0%石灰水。

2. 工艺流程
原料选择→去皮、切分→硬化→预煮→糖渍→糖煮→烘干→上糖衣→整理→包装→成品。

3. 操作要点
(1)原料选择。一般选择新鲜、完整、肉质致密的冬瓜为原料,成熟度以坚熟为宜。

(2)去皮、切分。用清水冲洗掉冬瓜表面的泥沙、尘土等污物,用旋皮机或刨刀削去瓜皮,然后切片(要求切成宽5厘米的瓜圈),除去瓜瓤和种子,再将瓜圈切成 1.5 厘米^2 的小条。

(3)硬化。将冬瓜条倒入 1.0% 的石灰水中,浸泡 8 ~ 12 小时,使冬瓜条质地硬化,以能折断为度,捞出,清水冲洗干净。

(4)预煮。将漂洗干净的冬瓜条倒入预先煮沸的清水中热烫 5 ~ 10 分,直至冬瓜条透明为止,取出用清水漂洗 3 ~ 4 次。

(5)糖渍。将冬瓜条从清水中捞出,沥干水分,在 20% ~ 25% 的糖液中浸渍 8 ~ 12 小时,然后将糖液浓度提高到 40% 再浸渍 8 ~ 12 小时。为防止浸渍时糖液发酵,可在第一次浸渍时加入 0.1% 的亚硫酸钠。

(6)糖煮。将处理好的冬瓜条称重,按 15 千克冬瓜条称取 12 ~ 13 千克白砂糖的比例,先将白砂糖的一半配成 50% 的糖液,放入夹层锅中煮沸,倒入冬瓜条,迅速煮沸,剩余的糖分三次加入,至糖液浓度达到 75% ~ 80% 时即可出锅。

(7)干燥及包糖衣。冬瓜条经糖煮捞出后即可烘干。若糖煮终点的糖液浓度较高,即锅内糖液渐干且有糖结晶析出时,将冬瓜条迅速出锅,使其自然冷却,返砂后即为成品,这样可以省去烘干环节。干后的冬瓜条需要包一层糖衣,方法是先把少量白砂糖放入锅中,加几滴水,微火溶化,不断搅拌,使糖中水分不断蒸发。当白砂糖呈粉末状时,将干燥的冬瓜条倒入拌匀即可。

4. 产品质量要求

产品质地清脆,外表洁白,饱满致密,味甘甜,表面有一层白色糖霜。

(二)南瓜脯

南瓜作为药食同源的材料目前被提高到很高的地位。南瓜有补中益气的作用,能促进人体胰岛素的分泌,对非胰岛素依赖型糖尿病餐后血糖有明显的降低作用。多吃南瓜可以有效防止糖尿病和高血压。

1. 原料

南瓜、白砂糖、柠檬酸、氯化钙。

2. 工艺流程

原料选择→清洗→去皮、切分→硬化、护色→热烫→糖渍→烘干→包装→成品。

3. 操作要点

(1)原料选择。选择充分成熟的南瓜,此时肉厚而致密,含水分较少,含糖量较高。

（2）去皮、切分。把南瓜剖开，去籽去皮，一般是采用人工去皮法，然后切分，可切成块状或条状。

（3）硬化、护色。将切分后的南瓜投入质量分数为0.3%的柠檬酸和0.2%的氯化钙的混合溶液中浸泡5小时，然后用清水反复漂洗，沥干水分，备用。

（4）热烫。将硬化处理后的南瓜片投入沸水中，热烫处理2分，即可捞出，沥干水分。

（5）糖渍。白砂糖的用量为南瓜重量的0.8～1倍，先配制成40%的糖溶液，加入质量分数为0.1%～0.2%的柠檬酸、0.05%的山梨酸钾。把糖液煮沸，停火，将南瓜块浸于糖液中浸泡12小时。将南瓜片与糖液重新煮沸，每隔15分加糖一次，共分三次加糖，逐渐提高糖液浓度，直到糖液浓度达到60%左右，停火，使南瓜片在60%的糖液中浸泡24小时，至南瓜片呈透明状态时结束。也可采用真空渗糖等措施加速糖渍的时间。

（6）烘制。将南瓜从浓糖液中捞出，摊放于烘盘中，在60～65℃条件下干燥，至产品含水量降至25%以下即可。

（7）包装。将干燥的南瓜脯冷却后，装入复合薄膜袋中抽真空密封包装。

4. 产品质量要求

南瓜脯呈现透明的柠檬黄色或橙红色，色泽鲜艳，有南瓜固有的风味，入口有脆感，味甜稍带酸味。

（三）胡萝卜脯

胡萝卜营养丰富，特别富含胡萝卜素，其含量比其他蔬菜高十几倍甚至几十倍。胡萝卜资源丰富，质地致密，是加工糖制品的理想原料。

1. 原料

胡萝卜、白砂糖、柠檬酸、甘草粉、食盐。

2. 工艺流程

原料选择→清洗→去皮、修整、切片→蒸煮→配料液→糖渍→烘干→包装→成品。

3. 操作要点

（1）原料选择。选择无腐、无虫、须根少、颜色鲜艳、质地较嫩、粗细适中且头尾大小相对均匀的新鲜胡萝卜。

（2）清洗。用清水将胡萝卜表皮上的泥土及杂质清洗干净，捞出沥干。

（3）去皮、修整、切片。采用化学法去皮，将胡萝卜放入质量分数为 2% 的氢氧化钠溶液中煮 1~2 分，然后摩擦冲洗去皮，于清水中反复冲洗至表面为中性。然后将根尖及根基部切除。采用人工或机械切片，厚度为 0.5~0.8 厘米。

（4）蒸煮。将切好的胡萝卜倒入蒸锅里蒸 5~10 分，一方面杀酶并增加细胞膜的渗透性，另一方面除去胡萝卜的不良风味。

（5）糖渍。配置糖液（以质量分数计）：白砂糖 15%、柠檬酸 0.5%、氯化钠 0.5%、甘草粉 0.5%。糖液与胡萝卜按 1:1 的比例进行糖渍，胡萝卜片在糖液中浸渍 6~7 小时。

（6）烘干。将胡萝卜片从糖渍液中捞出，沥干糖液，然后放入烘盘中，送入烘房。45℃烘干 2~3 小时，然后升温至 50~55℃，再烘干 6~8 小时，烘至产品柔软而不黏手，含水量降至 15%~20% 时即可。

（7）包装。将干燥的胡萝卜脯冷却后，装入复合薄膜袋中抽真空密封包装。

4. 产品质量要求

产品片形厚薄一致，无粘连，色泽呈黄橙色，不发黑，无异味。含糖量为 25%~30%，含水量为 17%~20%。

（四）糖姜片

糖姜片又名明姜片、冰姜片。外形呈片状，姜黄色，表面附着有白色糖霜。质地柔软，食之甘甜微辛，有兴奋发汗、止呕暖胃、解毒驱寒等功效。近年来，市场上的加工有逐渐增多的趋势。

1. 原料

姜、0.5% 亚硫酸氢钠、白砂糖。

2. 工艺流程

原料选择→清洗、去皮、切片→护色处理→烫漂→糖渍→糖煮→烘干→包装→成品。

3. 操作要点

（1）原料选择。选用肉质肥厚、结实少筋、块形较大的新鲜嫩姜作为原料。

（2）清洗、去皮、切片。新鲜生姜先用水洗，去掉污泥，再用机械去皮并人工刮去厚皮和修掉枝芽。然后在切片机中切成不规则的姜片,片厚50厘米左右。

（3）护色处理。将姜片放入0.5%的亚硫酸氢钠溶液中浸泡10分,之后迅速捞出,放在清水中漂洗干净。

（4）糖渍。将姜片放入一定的容器中,加入30%的白砂糖,充分拌匀,糖渍24小时后,再加10%白砂糖,搅拌均匀,再进行糖渍24小时,如此反复操作两到三次,待姜片呈透明状时,即可进行糖煮。

（5）糖煮。将姜片连同糖渍液一起倒入锅中,加热煮沸,再加15%的白砂糖,煮至姜片透明时,捞出沥糖、冷却。

（6）烘干。将沥去糖液的姜片放入烘盘中,送入干燥机,保持干燥温度为60~65℃,干燥至糖姜片表面有少许白色糖霜,且不黏手时即可结束烘干。

（7）包装。采用PE袋定量密封包装。

4. 产品质量要求

产品片形厚薄一致,无粘连,色泽浅黄或米白,外有白色糖霜,不发黑,有甜辣味,无异味。含糖量为65%~70%,含水量为17%~20%。

（五）茄子脯

1. 原料

茄子、白砂糖、0.2%亚硫酸氢钠、1.5%~2%食盐。

2. 工艺流程

原料选择→清洗、去皮、切片→护色处理→糖渍→糖煮→烘干→包装→成品。

3. 操作要点

（1）原料选择。选择八九成熟的茄子,以紫色、个大者为好。

（2）清洗、去皮、切片。将选择好的茄子采用清水浸泡、冲洗掉表面的泥沙、灰尘等污物,手工或机械去皮,切成块状或条状。

（3）护色处理。放入1.5%~2%食盐水溶液中浸泡4~6小时,捞出后放入沸水中漂烫,煮至七八成熟时捞出,立即放入凉水中冷却,冷却后放入0.2%亚硫酸氢钠护色液中浸泡护色30分,之后捞出,冲洗,洗掉残留的护色液。

（4）糖渍。将上述护色好的切块进行糖渍,100千克的茄子用糖60~70千克,采用一层茄块一层糖逐层放入缸中,最后撒一层糖覆盖。腌渍2天。

（5）糖煮。先将40%的糖液加热煮沸,倒入腌渍后的茄块,煮沸3~5分,加入适量冷糖液并再次煮沸 3～5 分,最后加入适量白糖微沸 5～10 分,至糖液浓度达 60% 时,停止加热。捞出切块,沥净糖液进行适当烘制,半干时再将其放入加热至沸的原糖液中,浸泡 24～48 小时。

(6)烘干。将糖制好的茄块捞出,沥干糖液后均匀摊放于烘盘上,送入烘房进行干制。在 65～70℃ 条件下烘干 12～16 小时,用手摸不黏手,水分含量在 16% 左右时结束烘干。在烘制过程中,注意通风和翻盘,利于干燥均匀。

(7)包装。烘好的产品,放置于 25℃ 条件下回潮 24 小时,然后检验修整,剔除碎渣、干瘪块,定量包装于塑料包装袋中,贮存于阴凉干燥处。

4. 产品质量要求

茄子脯呈紫褐色,外观组织饱满,形状基本一致,含糖 60%,含水量低于 20%,具有茄子特有的风味。

(六)香菇脯

1. 原料

香菇、白砂糖、植物油、0.5% 亚硫酸氢钠、0.4% 氯化钙、0.1% 柠檬酸。

2. 工艺流程

原料选择→水洗、护色→漂烫→硬化处理→去异味→糖渍→糖煮→烘干→包装→成品。

3. 操作要点

(1)原料选择。选择菇形完整、菇盖长大但未开伞的菇体,剔除有病虫、斑点的菇体。

(2)水洗、护色。鲜香菇放入 1% 的食盐水中漂洗,既有利于沙土等杂质的清除,又可防止氧化褐变。再用清水冲洗干净,剪掉菇柄,沥去多余水分。再放入 0.5% 亚硫酸氢钠溶液中浸泡 10 分进行护色处理。

(3)漂烫。将护色后的香菇捞出后放入沸水中,煮沸 10 分后捞出,放入冷水中迅速冷却。

(4)硬化处理。为减少糖煮时菇体的损伤,仍保持较好的菇形,将烫漂后的香菇转移至 0.4% 的氯化钙溶液中浸泡 10 小时,进行硬化处理。之后,再用清水冲洗干净。

(5)去异味。香菇异味成分主要是含硫化合物,这些含硫化合物可以溶解于植物油中。因此,将硬化处理后的香菇放入 80～100℃ 的植物油中浸泡 30

分,挤压去油,再用温水冲洗掉多余的植物油。

（6）糖渍。将脱除异味的香菇放入40%的糖液中,室温下浸糖24小时。

（7）糖煮。浸糖后的香菇连同浸糖液一起加热浓缩,先用大火加热至糖液沸腾,待糖液浓度达到45%以上时,改为小火,并不断搅拌,此时,可加入0.1%的柠檬酸调口味。当糖液浓度达到50%时,停止加热,冷却后捞出香菇,沥干糖液。

（8）烘干。为使香菇脯表面光滑不皱缩,烘制过程应采取"低温慢速变温"的烘制工艺。先在35～40℃条件下烘制4小时,停火冷却,当菇盖变软时打开烘箱;调高温度至55℃,烘制12小时,再停火冷却,待温度降至室温时,再升高温度值60℃烘干2～4小时,使水分含量降至20%,手摸不黏手时即可结束烘干。

（9）包装。将烘好的香菇脯放在瓷盘中,密封回潮3天,然后按照菇体的大小、完整程度及色泽等进行分级,用塑料薄膜袋进行真空密封包装。

4. 产品质量要求

香菇脯呈现黄褐色,色泽基本均匀,有透明感,外形完整,组织饱满,表面光滑不皱缩,不黏手,不返砂,无流糖,具有香菇的特有风味,无异味,酸甜可口,软硬适宜,不黏牙。含水量在20%以下,总含糖量为60%。

第三节　果脯蜜饯加工机械与设备

一、家庭制作果脯蜜饯

家庭制作时只需不锈钢容器、刀(切刀及刨皮刀等)、烘箱等简单的器具。

二、工业生产果脯蜜饯

蜜饯类加工设备主要有腌渍池或缸(用于果坯腌制、原料护色硬化处理、糖渍等),夹层锅或预煮机(用于预煮和糖煮),晒场或干燥机(常用的是隧道式热风干燥机),包装机等。

(一)糖煮及浸糖设备

果脯、蜜饯在制作时都必须经过预煮,可以达到破坏酶的活性,防止变色和果胶水解;软化果肉组织,便于打浆和糖液渗透;使果肉组织中的果胶溶出,便于浓缩的目的。常用的预煮设备有：

1. 夹层锅

又称双层锅、二重釜，是果品加工中用于热烫的重要设备。夹层锅由球形壳体内外两层组成，内层是由 3 毫米厚的不锈钢板制作的；外层是由 5 毫米厚的普通钢板制作的。内外壁焊接在一起，中间为加热室，加热室通入蒸汽，实现对物料的加热或保温。由于加热室要承受四个大气压的蒸汽，所以焊缝必须有足够的强度。

常用的夹层锅有 3 种：固定式[图3-1(a)]、可倾斜式[图3-1(b)]和带有搅拌器式[图3-1(c)]的。加热方式均采用蒸汽加热。固定式与可倾斜式的不同之处在于前者蒸汽直接从半球壳体上进入夹层中，后者则从安装在支架上的填料盒进入夹层中；前者的冷凝液排出口不在最底部，后者的冷凝液排出口在支架另一端从填料盒伸进夹层的最底部；前者下料通过底部的阀门，后者则把锅倾转下料。

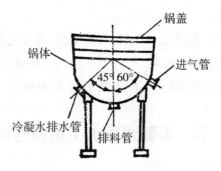

（a）固定式夹层锅

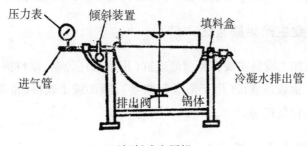

（b）可倾斜式夹层锅

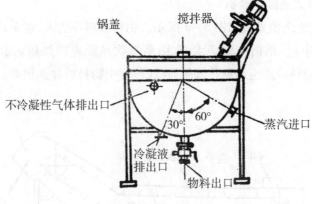

（c）带搅拌器式夹层锅

图 3 - 1　常用的夹层锅

2. 螺旋式连续预煮机

螺旋式连续预煮机如图 3 - 2 所示。原料从料斗落入筛网圆筒中。筛筒的中心有螺旋,螺旋的中心轴由电动机和变速装置传动。原料在螺旋的推动下向前运动。筛筒浸没在热水中,原料也就全部浸没在热水中向前运动。蒸汽从蒸汽管通过电磁阀分几路从壳体底部进入预煮机中直接将水加热,原料在前进中得到预煮。预煮的时间用调节螺旋的转速加以控制。预煮结束后原料从出料转斗中卸出到斜槽,然后送至冷却槽中冷却。

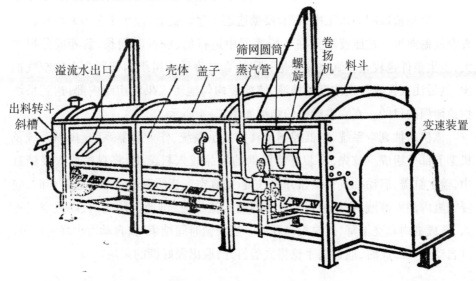

图 3 - 2　螺旋式连续预煮机

3. 刮板带式连续预煮机

刮板带式连续预煮机如图 3 - 3 所示。物料由料斗进入,落至具有刮板的链带上(或斗槽中)。钢槽中盛满水,水由蒸汽吹泡管直接加热。由于链带的移动,将物料从进料口送至卸料斗卸料,在此过程中物料被加热预煮。

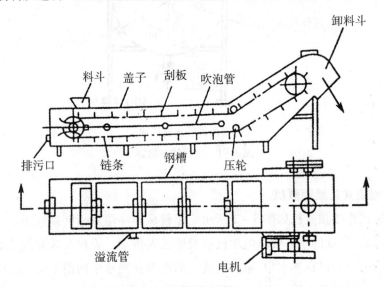

图 3 - 3　刮板带式连续预煮机

(二)浸糖设备

在果脯蜜饯制品加工中,都有浸糖这道工序。目前,浸糖工艺有常压浸糖和真空浸糖两种。常压浸糖是在一般容器中进行的,浸糖时间长,营养成分损失大,卫生条件也较差。真空浸糖是利用抽真空将果块组织内部所含有的空气抽出,然后注入含有一定浓度的糖液,使糖液均匀地渗入果块组织内部,达到果块快速渗糖的目的。真空渗糖机的结构如图 3 - 4 所示。

该机由抽真空系统、电器控制及真空显示系统、作业容器系统、操纵系统及机架五部分组成。首先,将装好待浸糖的果品放入料筐中,将料筐放入浸糖缸中,盖上缸盖,启动抽真空按钮开关,进行抽真空。当听到真空泵停止工作时,向浸糖缸内注入糖液,在糖液将要流尽而尚未流尽时,迅速关闭阀门,以免空气进入,造成缸内真空下降,此时浸糖开始。当浸糖时间结束时,自动发出蜂鸣信号,且自动放气。此时,通过摇手轮将缸盖打开,取出浸好糖的果块。

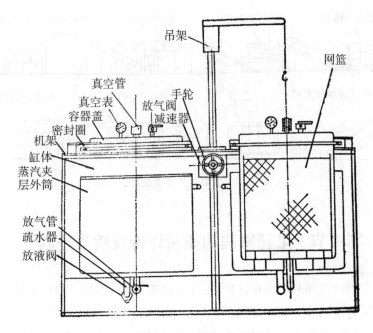

图 3 - 4　真空渗糖机

(三)干燥设备

同果蔬干制品相同。

(四)果脯蜜饯生产线

图 3 - 5 和图 3 - 6 分别是苹果脯和蜜枣的生产作业流程图,也可用于生产桃脯、杏脯、李脯等,只需更换原料预处理部分的机械即可完成不同果脯蜜饯的加工。

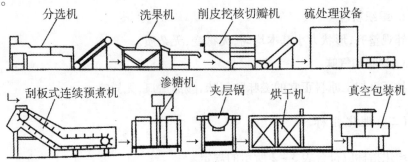

图 3 - 5　苹果脯生产作业流程

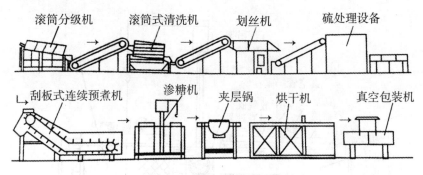

图 3 - 6　蜜枣生产作业流程

第四节　果脯蜜饯的质量评价及质量控制

　　目前,果脯蜜饯制品的质量评价,主要是参考 GB 14884—2003《蜜饯卫生标准》和 GB/T 10782—2006《蜜饯通则》,该标准对以果蔬和糖类等为原料,经加工制成的蜜饯类、凉果类、果脯类、话梅类、果丹(饼)类和果糕类的指标要求,食品添加剂、生产加工过程的卫生要求,包装、标识、贮存、运输要求和检验方法等进行了规定。果脯蜜饯制品的质量标准主要有感官指标、理化指标和微生物指标。

一、果脯蜜饯制品的质量评价

(一)感官指标

1. 色泽

具有该加工原料正常的色泽。

2. 组织状态

外观整齐,形状大小基本均匀,无霉变,无杂质。

3. 滋味和气味

具有该加工原料正常的滋味和气味,酸甜适口,无异味。

(二)理化指标

理化指标应符合表 3 - 2 所示的规定。

表3-2 理化指标

项目	指标
硫残留量(以二氧化硫计)(克/千克)	≤0.58
苯甲酸钠、山梨酸钾(克/千克)	≤0.5
糖精钠(克/千克)	话梅、李≤5.0;其他≤0.15
铅(Pb)(毫克/千克)	≤1
铜(Cu)(毫克/千克)	≤10
总砷(以As)(毫克/千克)	≤0.5
着色剂	按GB 2760—2007执行

(三)微生物指标

微生物指标应符合表3-3所示的规定。

表3-3 微生物指标

项目	指标
菌落总数(cfu/克)	≤1 000
大肠菌群(MPN/100克)	≤30
致病菌(沙门菌、志贺菌、金黄色葡萄球菌)	不得检出
霉菌(cfu/克)	≤50

(四)保质期

一般都要求1年。

二、果脯蜜饯生产的质量控制

在果脯蜜饯加工过程中,由于操作方法的失误,或是原料处理不当,造成产品品质下降,影响经济效益。为尽量减少或避免这方面的损失,对加工中出现的一些问题,可相应采取一些预防和补救措施。

(一)返砂与返潮

1. 返砂

返砂是指糖制品在贮存期间表面或内部出现粗大晶体颗粒的现象。非糖衣果脯蜜饯应质地柔软、鲜亮而呈透明状,若产生返砂现象,则质地变硬且粗糙,表面失去光泽和柔韧性,容易破损,品质降低,影响货架期。返砂主要是因为果脯、蜜饯制品中蔗糖和转化糖的比例失调,表现在蔗糖含量过高,转化率过低,糖液中转化糖含量不足所造成。

2. 返潮

返潮又称流糖,指果蔬糖制品在包装、贮存和销售过程中吸潮,表面发黏的现象。引起返潮的主要原因包括:果蔬糖制品中转化糖含量过高;贮存环境湿度过大;烘干操作不当,致使果脯蜜饯内部水分含量过高。

3. 预防返砂与返潮的措施

防止果脯蜜饯制品的返砂或返潮,最有效的方法是控制蔗糖的转化度,使成品中还原糖与总糖的比例恰当。实践证明,果脯中的总糖含量为 68% ~ 70% ,含水量为 17% ~ 19% 。当转化糖占总糖含量的 30% 以下时,容易出现不同程度的返砂;当转化糖占总糖含量的 50% ~ 60% 时,在贮存条件良好的情况下一般不易产生返砂;当转化糖占总糖含量的 70% 以上时,遇高温多湿季节,产品易出现返潮现象。影响转化度的主要因素是糖液和果蔬组织的 pH 和温度,因此,严格掌握糖煮的时间和糖液的 pH 很重要。当糖液的 pH 为 2.0 ~ 3.0 时,加热即可促使蔗糖转化,提高转化糖的比例。杏脯很少出现返砂现象,原因就是杏含有较多的有机酸,pH 较低。因此,对于含酸量较少的其他果蔬,在糖煮时可以加入一些柠檬酸调节 pH,促使蔗糖的转化。

(二)软烂与皱缩

1. 软烂

组织松软的原料在煮制过程中容易软烂。由于品种选择不当,果蔬的成熟度过高,加热煮制的温度过高或时间太长,划纹太深(蜜枣)等,均会引起煮烂。品种和成熟度不一致、质地不同的原料在同一加热条件下加工,就会使软者更加松软甚至软烂;而像冬瓜、香菇等,因本身组织结构较松软,不耐煮,须经硬化处理,由于硬化处理不足,使其硬度不够,经不起糖煮而发生软烂;而有些果蔬原料为了加速其渗糖的速率,须事先刺孔(如金橘)或划缝(如蜜枣),若刺孔过密过大、划缝太深太密,则易煮烂;糖煮时间过长或煮后没有及时散热,使受热时间过长也容易造成软烂现象。

2. 皱缩

果蔬成熟度过低,糖渍或糖煮时糖浓度差过大;糖渍或糖煮时间过短,糖液浓度不够,致使产品吸糖不饱满等是造成干缩的主要原因。果蔬组织的渗糖是由外向内逐步渗透,若糖液初始浓度太高,会使得原料表面过快脱水而收缩。其次,原料渗糖不足,含水量过大,干燥失水后也容易皱缩。

3. 防止软烂和皱缩的方法

(1)选择成熟度适中的原料。

(2)控制适当的刺孔或划缝的深度和密度。

(3)组织较柔软的原料应进行适当的硬化处理。

(4)严格控制煮制时间和温度。

(5)糖制过程中分次加糖,使糖浓度逐渐提高,延长浸渍时间,使糖充分渗入。

(三)褐变

产品褐变是果脯蜜饯加工中常见的质量问题,尤其是浅色果脯表现更为明显。褐变后,果脯的色泽变暗变褐,失去了原来的鲜亮色泽,感官品质大为降低。

1. 产生褐变的原因

(1)酚类氧化。大部分的水果中都含有酚类物质,如苹果、桃、杏、香蕉、李、梨等,当果肉被切分后,暴露于空气中,其中所含有的多酚氧化酶(PPO)就会将多酚类物质催化氧化,生成有色醌类物质,这就是酶促褐变。这不但影响产品的外观,也会破坏风味和营养价值。

(2)羰氨反应。果蔬中的氨基酸与糖液在煮渍过程中会发生羰氨反应,形成具有络合性质的黑色物质,使果蔬产生褐变。在氨基酸中,以色氨酸、脯氨酸、组氨酸、赖氨酸、天门冬氨酸的褐变活性最强,葡糖糖等还原性糖最易与氨基酸发生羰氨反应。

(3)烘制温度控制不当。果脯蜜饯经过糖制后,基本都要经过干制的工序,以排出多余的水分,赋予产品干爽的手感。但是如果烘干温度控制不当,可能会使产品发生焦化而变色。

(4)金属离子的影响。加工容器应采用不锈钢制成,避免使用含铁、锡等金属的容器来制作果脯蜜饯,比如橄榄遇铁、锡会变黑。另外,金属离子还是氧化酶类的催化剂,能加速氧化褐变。

2. 控制褐变的方法

(1)减少原料与空气的接触,原料在去皮切分后,立即浸入盐水、亚硫酸氢钠溶液或其他复合护色液中,进行护色处理。

(2)漂烫钝化酶。

(3)利用有机酸抑制酶促褐变,在糖煮过程中可以添加柠檬酸、抗坏血酸等,一方面可以调节 pH,另一方面可以起到护色的作用。

(4)避免长时间高温处理,采用真空糖煮。

(5)控制合适的干燥条件,使果块受热均匀,预防局部过热而引起的焦糖化反应。

(6)避免使用含有铁、锡等金属的制品接触果脯蜜饯的原料,应使用不锈钢设备。

(7)避免使用多次糖煮后的糖液。

果脯蜜饯的低糖化发展趋势

果脯蜜饯类产品是深受消费者特别是儿童所喜爱的休闲食品,但是传统工艺生产的果脯蜜饯属于高糖食品,一般含糖量在 65% ~ 70%,过多食用会使人体发胖,诱发糖尿病、高血压等病,儿童还会引发肥胖、龋齿等问题,所以很难适应现代人对食品的新要求,所以,采用新配方、新工艺生产新的低糖果脯蜜饯势在必行。低糖蜜饯是处于传统蜜饯和果蔬干制品之间的一种加工技术,可以在传统蜜饯加工的基础上减少渗糖次数或减少糖煮时间,主要措施如下:

1. 选择蔗糖替代物

在果脯蜜饯加工中可采用淀粉糖浆等低糖果浆代替 40% ~ 50% 的蔗糖,不仅降低产品的甜度,又可以使制品保持一定的形状。选择合适的糖原料对低糖蜜饯的饱满度有重要影响。

2. 改进渗糖工艺

采用真空渗糖及热煮冷浸工艺(即在糖煮过程中,取出糖液,经加热浓缩或加糖煮沸后回加到原料中,减少原料高温受热时间,能较好地保持原料原有的风味),不仅能降低制品含糖量,而且能较好地保持营养成分。

第四章
膨化果蔬的加工

章节要点

1. 膨化食品基本知识。
2. 膨化果蔬的原料选择和加工工艺。
3. 果蔬膨化加工机械与设备。
4. 果蔬膨化制品的质量评价。

第一节　膨化食品概述

一、膨化食品的概念及特点

(一)膨化食品的概念

膨化食品是近年来国际上发展起来的一种新型食品形式,目前食品科学界还没有一个公认的定义。膨化食品,国外又称挤压食品、喷爆食品和轻便食品,主要是以谷物、豆类、薯类、蔬菜等作为主要原料,利用油炸、挤压、沙炒、焙烤、微波等膨化技术加工而成的体积明显增大的一种食品。其具有多孔疏松、口感酥脆、外形精巧、品种繁多等特点,具有一定的营养价值。

(二)膨化食品的特点

1. 营养成分的保存率和消化率高

膨化技术不仅改变了加工原料的外形,也改变了内部的分子结构,可以使淀粉彻底熟化,蛋白质彻底变性,最终形成的制品内多成疏松多孔结构,水分含量低,有利于胃肠消化酶的渗入,从而提高营养素的消化吸收率。

2. 改善食用品质

采用膨化技术可使加工原料原本粗硬的组织结构变得蓬松柔软,另外,膨化过程中发生的美拉德反应也增加了食品的色、香、味。因此,膨化技术有利于粗粮细作,改善食品口感,赋予食品体轻、松脆、香味浓的独特风味。

3. 种类多、方便食用、易于储存

在谷物、豆类、薯类或蔬菜等原料中,添加不同的辅料,然后通过各种膨化技术,可制成品种繁多的膨化食品。膨化食品是经过高温或高温高压处理的即食食品,不仅方便消费者的食用,而且膨化可以起到杀菌作用,同时膨化食品的水分含量低,限制了微生物的生长繁殖,提高了食品的储存稳定性,密封保存,不易变质。

4. 生产设备简单、占地面积小、生产效率高

用于加工膨化食品的设备比较简单,而且可以根据产品的形式,简便快捷地组合或更换零部件以满足不同产品加工的需求。加工单位质量产品的设备所需占地面积小,劳动生产率高,加工成本费用较低。

二、膨化食品的分类

膨化食品种类繁多,口感酥脆,深受儿童、青少年以及一些老人的喜爱,已成为一种时尚的休闲食品。

(一)按膨化加工技术分类

1. 挤压膨化食品

利用螺杆挤压机进行膨化加工而成的食品,如麦圈、虾条等。

2. 焙烤型膨化食品

(1)焙烤膨化食品。利用焙烤设备进行膨化加工而成的食品,如旺旺雪饼和仙贝等。

(2)沙炒膨化食品。利用细沙粒作为传热介质进行膨化加工而成的食品。

（3）微波膨化食品。利用微波设备进行膨化加工而成的食品。

3. 油炸膨化食品

根据膨化温度和压力的不同，可分为高温油炸膨化食品和低温真空油炸膨化食品。如油炸薯片、油炸土豆片等。

4. 其他膨化食品

如目前研究较热的微波膨化食品、变温压差膨化食品和低温低压气流膨化食品等。

（二）按膨化原料分类

1. 淀粉类膨化食品

如玉米、大米、小米等原料加工生产的膨化食品。

2. 蛋白质类膨化食品

如大豆及其制品等原料加工制成的膨化食品。

3. 海藻类膨化食品

以紫菜、海带等为代表的海藻类植物富含人体需要的多种维生素、矿物质，能量低，味道鲜美，膨化后产品疏松，即食性强，非常迎合儿童的口味。

4. 果蔬类膨化食品

如苹果脆片、胡萝卜脆片等，保持了果蔬原有的营养成分、色泽、香味及矿物质，具有低热量、高纤维和维生素含量丰富等特点，而且不添加任何防腐剂，口味香甜、酥脆，是目前最有发展潜力的膨化食品之一。

（三）按生产的食品形状分类

1. 小吃及休闲食品类

可以直接食用的非主食膨化食品，如膨化薯片、膨化果蔬片等。

2. 快餐汤料类

需要加水后方可食用的膨化食品。

三、开发膨化果蔬脆片的意义

果蔬是人体维生素、矿物质和膳食纤维的主要来源。中国水果、蔬菜资源丰富，其中果品产量近7 000万吨，蔬菜产量5亿多吨，均居世界第一位，中国果蔬产业已成为仅次于粮食作物的第二大农业产业。然而，由于果蔬的贮存及加工能力较薄弱（仅占总产量的5% ~10%，发达国家可达20% ~60%），导致加工产品流通不畅,尤其是农产品价格较低时,许多果农菜农宁可就地销毁果蔬,也不愿销售,由此导致相当部分果蔬因滞销而烂掉,损失严重。因此,亟待提高对果蔬类农产品的精深加工能力。

四、膨化果蔬脆片的特点及市场前景

(一)膨化果蔬脆片的特点

果蔬脆片生产技术于20世纪80年代初期起源于台湾,其母体技术是真空干燥技术。20世纪80年代中期,台湾几家从事果蔬脆片研究的公司开始改进真空干燥技术,并应用到果蔬食品深加工上,形成独特的果蔬脆片生产技术——真空低温油炸技术。80年代末和90年代初,果蔬脆片生产技术在中国台湾、美国、日本发展很快,基本工艺和主要生产设备不断翻新;90年代初,果蔬脆片生产技术被引进中国内地。

果蔬脆片最大限度地保留了果蔬的颜色、味道及营养成分,口感酥脆、形态饱满、膨化均匀,可以满足消费者对果蔬脆片食品营养、方便、天然、低脂肪、高膳食纤维的需求。在欧美等发达国家非常畅销,主要用作西餐的配餐食品、休闲食品、制作果珍果粉及速溶饮品等。同时,果蔬脆片生产中不加入任何膨化剂,不会发生普通膨化食品因膨化剂中含铝、铅等重金属离子,而导致最终产品中重金属超标的安全事故,食用非常安全,并具有一定的营养价值。膨化果蔬产品特别适合糖尿病、心脏病等患者食用,同时也是偏食儿童及减肥者的最佳零食,更是居家旅游、娱乐场所的必备食品。如若将膨化果蔬产品放入热水中浸泡适当时间,则可恢复水果、蔬菜原有的色、形、味,再进行炒、蒸、炸、煮时均与果蔬鲜品相差无几。因此,果蔬膨化产品既可作为休闲小食品,又可作为高寒地区、海岛边防官兵以及地质勘探、南极考察队等特殊人群的水果、蔬菜供应,具有持久的市场生命力。

(二)膨化果蔬脆片的市场前景

传统果蔬脆片的主要加工技术主要是采取油炸方式,但是经过油炸加工的果蔬产品含油量较高,难以解决油脂氧化对产品质量造成的不良影响。同时,由于人们对反式脂肪酸的危害越来越关注,也影响了传统油炸果蔬脆片加工的发展。近年来,人们采用的果蔬变温压差膨化、微波膨化和低温低压气流膨化等非油炸膨化技术加工的果蔬脆片制品,品质优良,营养成分损失少,为果蔬脆片的未来发展开辟了新的方向。采用变温压差膨化生产的膨化果蔬脆片是继油炸果蔬脆片、真空低温油炸果蔬脆片之后的第三代产品,其味道鲜美、口感酥脆、营养丰富、易于贮存、携带方便,已经成为时下流行的果蔬休闲食品。

膨化果蔬脆片可以直接生产绿色膨化休闲食品或进一步加工成新型果蔬营养粉,也可以作为方便食品的调料或作为生产新型保健食品的原料,已被国际食品界誉为"21 世纪食品",引起了日本、欧洲、美国、新加坡、韩国等国家和地区的重视,国内外需求量很大,应用前景非常广阔。

第二节　果蔬膨化的加工工艺

一、膨化果蔬原料的选择

膨化果蔬脆片以其纯净天然、口感酥脆、色泽鲜艳、营养丰富、便于保存和携带方便等特点,成为近年来流行的新型果蔬加工品。生产膨化果蔬脆片的原料来源非常广泛,果品如苹果、柑橘、桑葚、枸杞子、梨、香蕉、菠萝、猕猴桃、哈密瓜、草莓、桃、杏、枣等,蔬菜如胡萝卜、马铃薯、甘薯、芹菜、黄瓜、甘蓝、辣椒、芸豆、番茄、菠菜、食用菌、大蒜等。目前,果蔬产品主要以生产苹果脆片为主,其他的果蔬类膨化脆片产品在市场上较少,因此,膨化果蔬脆片的加工有着巨大的开发空间。研究和推广新型果蔬膨化干燥技术,将进一步丰富果蔬加工产品种类,增加产品附加值,提高行业出口创汇能力,进一步促进果蔬干燥行业又好又快发展。

二、果蔬膨化干燥技术

(一)油炸膨化

油炸膨化可以分为常压油炸膨化和真空油炸膨化技术两种。加工的膨化食品原料以面粉、玉米淀粉和薯类淀粉为主,也有部分果蔬原料如香蕉片等也可采用油炸膨化来制作果蔬脆片。在油炸时,以食用油作为传热媒介,让食品原料内部的水分急剧汽化喷出,促使果蔬组织形成多孔疏松的结构,有时,膨化产品还借助膨松剂(如碳酸氢钠、碳酸氢铵等)在高温时分解产生大量气体,使产品更易获得疏松结构。目前,市场上销售的香蕉脆片、马铃薯脆片、胡萝卜脆片等果蔬脆片大都是采用此方法加工而成的。油温越高,原料中的水分汽化速度越快,油炸时间越短,膨化度越高,但高温对产品色泽影响大,对营养成分破坏大。

（二）非油炸膨化

非油炸工艺生产果蔬脆片的技术较常见的有微波膨化、微波－真空膨化技术、微波－压差膨化技术、变温压差膨化技术和低温低压气流膨化技术等。

1. 微波膨化

利用微波能量到达物料深层转换为热能，将物料深层水分迅速蒸发形成较高的内部蒸汽压力，迫使物料膨化，并依靠气体的膨胀力带动原料中高分子物质的结构变性，从而使之成为具有网状组织结构特征，定形成为多孔状物质的过程。

2. 微波－真空膨化

利用微波设备发射穿透力强的高频电磁波，使其深入到被膨化原料的内部，使得物料内部水分首先被汽化，发生瞬间的闪蒸产生压力，内压大于外压使物料迅速膨胀，从而使果蔬组织内部形成海绵状结构。

3. 微波－压差膨化

先将含有一定水分的果蔬片经过微波设备预膨化，再用压差膨化设备彻底脱水膨化。将微波技术和压差技术相结合，克服单独应用微波技术和单独应用压差生产的产品出现"硬芯""焦化"等问题，使果蔬脆片产品内部膨化均匀，膨化率可达到100%，并使果蔬组织形成海绵状结构，含水量降至5%以下，以保持产品的酥脆性。

4. 变温压差膨化

变温压差膨化干燥又称爆炸膨化干燥、气流膨化干燥、压差膨化干燥等。变温是指物料膨化温度和真空干燥温度不同，在干燥过程中温度不断变换；压差是指物料在膨化瞬间经历了一个由高压到低压的过程；膨化是利用相变和气体的热压效应使被加工物料内部的水分瞬间升温汽化、减压膨胀，并依靠气体的膨胀力，带动组织中高分子物质的结构变性，从而形成具有网状结构特征、定形的多孔物质的过程；干燥是膨化的物料在真空（膨化）状态下去除水分的过程。

果蔬变温压差膨化干燥是以新鲜果蔬为原料，经过清洗、去皮、去核、切分或不切分、预干燥等前处理工序后，采用变温压差膨化设备进行的。设备主要由膨化罐和一个体积比膨化罐大5~10倍的真空罐组成。果蔬原料经预干燥至含水量为15%~35%（不同果蔬原料要求有所不同）。然后将其置于膨化罐内，通过加热使果蔬内部水分不断汽化蒸发，罐内压力从常压上升到0.1~0.4兆帕时，物料也升温至100℃左右，产品处于高温受热状态，随后迅速打开连接膨化罐和真空罐（已预先抽真空）的泄压阀，由于膨化罐内瞬间降压，使物料内部水分瞬间蒸发,导致果蔬组织迅速膨胀,形成均匀的蜂窝状结构。在真空状态下维持加热脱水一段时间,直至达到所需的安全含水率(3% ~5%),停止加热,使膨化罐冷却至室温时解除真空,取出产品,进行分级包装,即得到膨化果蔬产品。

果蔬变温压差膨化产品具有以下几个特点:

(1)绿色天然。果蔬膨化产品一般都是直接进行烘干、膨化制成的,在加工中不添加色素和其他添加剂等,纯净天然。

(2)品质优良。膨化果蔬产品有很好的酥脆性,口感好。

(3)营养丰富。果蔬膨化产品不经过破碎、榨汁、浓缩等工艺,保留并浓缩了鲜果的多种营养成分,如维生素、纤维素、矿物质等。经过干燥后的产品,不仅具备了果蔬固有的低热量、低脂肪的特点,而且与果蔬汁、用果蔬汁制成的果蔬粉相比,能保留果蔬更多的营养成分。

(4)食用方便。果蔬膨化产品可用来生产新型、天然的绿色膨化小食品,携带方便,易于食用。

(5)易于贮存。膨化果蔬产品的含水率一般在7%以下,不利于微生物生长繁殖,可以长期保存。另外,此产品克服了低温真空油炸果蔬产品仍含有少量油脂的缺点,不易引起油脂酸败等不良品质变化。

5. 低温低压气流膨化

采用变温压差膨化技术虽可获得很好的膨化品质,但是设备耐压强度和能耗较大,为了降低设备所受的压力和高能耗,果蔬低温低压气流膨化技术应运而生。该技术是以变温压差膨化技术为基础,通过冷冻和麦芽糊精浸泡等前处理、增加排潮系统和合理规划膨化罐内的加热管布局,达到降低膨化所用压力差的目的。

三、水果类膨化脆片加工工艺

(一)膨化苹果脆片

苹果是人们最喜欢的水果之一,也是人们日常生活中食用最多的水果。利用膨化技术生产的膨化苹果片,最大限度地保持了原苹果的风味、色泽和营养,并且不含任何添加剂,被认为是可替代乳、糖、脂肪含量高的糖果、饼干、薯片的一种全新健康休闲食品。

1. 原料
鲜苹果。

2. 工艺流程

原料选择→去皮、去芯→切片、护色→干燥→膨化→包装→成品。

3. 操作要点

（1）原料选择。选择新鲜的苹果，并剔除腐烂、病害的果实。对选好的苹果进行消毒清洗，洗掉表皮附着的泥沙、尘土等污物。

（2）去皮、去芯。采用机械去皮机对苹果进行去皮。

（3）切片、护色。采用机械切片机，将苹果切成0.5厘米厚的片状，放入护色液中浸泡。

（4）干燥。新鲜的苹果片含水量较高（75%～90%），膨化前应先进行预干燥处理，使其含水量降至30%左右。

（5）膨化。可采用变温压差膨化干燥设备进行膨化。具体方法是将预干燥后的苹果片放在膨化罐中，通过蒸汽加热使果蔬内部水分蒸发，辅助空气压缩机加压使罐内压力上升至0.1～0.4兆帕，同时真空罐预先抽真空至-0.1兆帕，此时物料处于高温受热的状态；随后迅速打开膨化罐和真空罐之间的泄压阀，使组织内部水分发生瞬间汽化，导致组织快速膨胀，从而形成均匀的网状结构；然后在低温真空条件下维持干燥一定时间，直至产品水分含量达到所需的安全水分，再停止加热，冷却至室温后解除真空，取出产品后再分级包装，即得到果蔬膨化产品。

（6）包装。将膨化后的苹果片经挑选、分类后，真空密封包装。

4. 产品质量要求

膨化的苹果片蓬松，爽脆，无焦片，无软片，基本无碎屑，具有苹果的香甜风味，无异味。含水量小于3%。

（二）膨化香蕉脆片

香蕉是我国水果中的重要组成部分，营养丰富，含有多种人体所需的营养成分，如蛋白质、碳水化合物、脂肪、纤维、果胶、钙、磷、钾、铁以及胡萝卜素、维生素C等，深受人们喜爱。但是香蕉本身是一种突变型果实，难以长期贮存和运输，加之目前加工技术和加工方法多数是经过后熟或催熟的，食用价值明显降低，因此开发新型香蕉加工品势在必行。香蕉的膨化如果采用油炸膨化，得到的膨化香蕉脆片有含油量高、油脂容易劣变、口感生硬、保质期短等缺陷。而采用气流膨化技术生产香蕉脆片，不仅可以避免上述问题,而且具有色泽好、口感酥脆香甜,品质安全稳定等优点,为提高香蕉的附加值、推动香蕉产业的发展指出了方向。

1. 原料

鲜香蕉。

2. 工艺流程

原料选择→去皮→切片→预处理→气流膨化→冷却→包装→成品。

3. 操作要点

(1)原料选择。选择刚脱涩、果实丰满、肥壮、果形端正的香蕉,同时要注意体形要大而且均匀,剔除烂果、病果和机械损伤的果实。

(2)去皮。采用机械去皮机对香蕉进行去皮。

(3)切片。采用机械切片机或人工将香蕉均匀切分成 5 毫米厚度的香蕉片,将切分好的香蕉片放在 6~8℃的低温下处理 20 分钟后准备膨化处理。

(4)气流膨化。将原料放入气流膨化机的压力罐中,加热至一定温度。当观察孔的玻璃板上有大量水滴形成时,打开压力罐和真空罐间的大流量阀门瞬间抽真空,使罐中压力迅速降低,从而引起香蕉片的膨化。当从观察孔上观察到全部原料的体积均显著膨大,并且膨起均匀,表面干燥,无水汽蒸发,色泽均匀一致,并且恒温加热控制器指数和膨化罐压力指数不再波动时,停止加热,随后在压力罐的夹层壁中通入冷却水,使物料固化,待温度降至 30℃ 以下,停滞一段时间后取出,即得到香蕉片膨化产品。

(5)包装。将膨化后的香蕉片经挑选、分类后,可采用充氮气包装(可防止产品的氧化和防止贮运过程中的挤压损伤)或者真空密封包装。

4. 产品质量要求

膨化的香蕉片蓬松,爽脆,无焦片,无软片,基本无碎屑,具有香蕉浓郁的香甜风味,无异味。含水量小于 3%。

(三)膨化菠萝脆片

1. 原料

鲜菠萝。

2. 工艺流程

原料选择→去皮→清洗→切片、护色→糖渍→预干燥→均湿→膨化→冷却→包装→成品。

3. 操作要点

(1)原料选择。选择刚脱涩、果实丰满、肥壮、果形端正的菠萝,同时要注意体形要大而且均匀,剔除烂果、病果和机械损伤的果实。

(2)去皮。采用机械去皮机对菠萝进行去皮。

(3)切片、护色。采用机械切片机或人工将菠萝均匀切分成1厘米厚度的菠萝片,将切分好的菠萝片放入含0.5%抗坏血酸和1.5%的食盐的混合溶液中浸泡30分,进行护色处理。

(4)糖渍。捞出护色好的菠萝片,放入40%的糖溶液中糖渍6~8小时。

(5)预干燥。将糖渍后的菠萝片捞出,沥干糖液,可用温水冲洗掉表面的糖液,在55~60℃的条件下,热风烘干至含水量为30%~40%,取出,准备膨化。

(6)膨化。可采用变温压差膨化干燥设备进行膨化。具体方法可参照膨化苹果片的膨化工艺。

(7)包装。将膨化后的菠萝片经挑选、分类后,可采用充氮气包装(可防止产品的氧化和防止贮运过程中的挤压损伤)或者真空密封包装。

4. 产品质量要求

膨化的菠萝片蓬松,爽脆,无焦片,无软片,基本无碎屑,具有菠萝浓郁的香甜风味,无异味。含水量小于3%。

(四)膨化黄金梨脆片

1. 原料

新鲜黄金梨。

2. 工艺流程

原料选择→清洗→去皮→切片、护色→糖渍→预干燥→均湿→膨化→冷却→分级、包装→成品。

3. 操作要点

(1)原料选择。选择果实丰满、肥壮、果形端正、石细胞较少的梨,剔除烂果、病果和机械损伤的果实。

(2)去皮。采用机械去皮机对黄金梨进行去皮。

(3)切片、护色。采用机械切片机或人工将黄金梨均匀切分成0.5厘米厚度的梨片,将切分好的梨片放入含0.5%抗坏血酸和1.5%的食盐的混合溶液中浸泡30分,进行护色处理。

(4)糖渍。捞出护色好的梨片,放入40%的糖溶液中糖渍6~8小时。

（5）预干燥。将糖渍后的梨片捞出,沥干糖液,可用温水冲洗掉表面的糖液,在55～60℃的条件下,热风烘干至含水量为30%～40%,取出,准备膨化。

（6）膨化。可采用低温气流膨化干燥设备进行膨化。具体方法是将预干燥后的梨片均匀铺在膨化罐的每个料盘上,然后装入膨化罐密封,启动空压机,使真空罐内的压力降低,打开加热阀门,对物料进行加热,当温度稳定时,打开水泵、罗茨泵,当真空罐压力达到－0.1兆帕时,停滞一段时间后,打开真空阀门,进行瞬间膨化,膨化后将膨化罐温度降至不同温度,真空脱水不同时间后,然后进行排潮,之后通入冷却水将温度降至20～25℃,维持5～10分后,打开通气阀门,恢复常压后开罐取出产品。

（7）分级、包装。将膨化后的梨片经挑选、分类后,可采用充氮气包装(可防止产品的氧化和防止贮运过程中的挤压损伤)或者真空密封包装。

4. 产品质量要求

膨化的梨片蓬松,爽脆,无焦片,无软片,基本无碎屑,具有梨浓郁的香甜风味,无异味。含水量小于3%。

（五）膨化空心脆枣

1. 原料
干红枣。

2. 工艺流程

原料选择→清洗→去核→预干燥→均湿→气流膨化→冷却→分级、包装→成品。

3. 操作要点

（1）原料选择。选择直径在1.5厘米以上,长2.5厘米以上的干枣,要求表皮光滑或有轻微的皱缩,色泽呈红色或暗红色,果肉饱满且较甜。剔除烂果、病虫害果和机械损伤果。

（2）清洗。清水漂洗,洗掉枣果实表面黏附的泥土、灰尘等杂质。

（3）去核。采用机械去核机或人工方法捅去枣核。

（4）预干燥。将枣平铺于烘箱的烘盘上,在60℃的条件下干燥至一定的水分含量(22%左右)。预干燥的水分含量过高会造成提前膨化或造成制品含水量过高而回软等,阻碍膨化,如果水分含量过低,则没有足够的膨化动力,还会使产品发焦发煳,甚至会产生苦味。

（5）均湿。枣经预干燥后,有的较干,有的较湿,水分含量分布不均匀。可将原料装入塑料袋中并把口扎紧,置低温条件下均湿处理 2～3 天,使原料的水分分布达到基本一致。

(6)气流膨化。可采用低温气流膨化干燥设备进行膨化。气流膨化的主要设备为一个压力罐和一个真空罐,真空罐的容积是压力罐的若干倍。将原料放入压力罐后,加热至一定的温度。当观察孔的玻璃板上有大量水滴形成时,打开压力罐和真空罐间的大流量阀门瞬间抽真空,使罐中压力迅速降低,从而引起枣的膨化。当观察孔玻璃上凝聚的水滴大部分消失后,将阀门关闭,压力罐中的压力将逐渐升高至压差最大。如此反复几次后,观察孔上的凝聚的水滴将大量减少。当从观察孔上观察到全部原料的体积均显著膨大,并且膨起均匀,表面干燥,无水汽蒸发,色泽均匀一致,并且恒温加热控制器指数和膨化罐压力指数不再波动时,停止加热,随后在压力罐的夹层壁中通入冷却水,使物料固化,待温度降至30℃以下,停滞一段时间后取出,即得到膨化空心枣产品。

(7)分级、包装。将膨化后的枣经挑选、分类后,可采用充氮气包装,以防止产品的氧化和贮运过程中的挤压损伤,或者真空密封包装。

4. 产品质量要求

膨化的无核空心枣酥脆、略甜、后味好,无焦片,无软片,具有枣浓郁的香甜风味,无异味。含水量小于3%。

(六)膨化哈密瓜片

1. 原料

新鲜哈密瓜。

2. 工艺流程

原料选择→清洗→去皮、切分→预干燥→均湿→膨化干燥→冷却→分级、包装→成品。

3. 操作要点

(1)原料选择。选择果形端正,充分成熟的哈密瓜,要求表皮光滑或有轻微的皱缩,果肉饱满且较甜。剔除烂果、病虫害果和机械损伤果。

(2)清洗。清水漂洗,洗去哈密瓜果实表面黏附的泥土、灰尘等杂质。

(3)去皮、切分。采用机械去皮机去皮,然后采用切片机将哈密瓜切成1 厘米×2 厘米×3 厘米的片状。

(4)预干燥。将哈密瓜片平铺于烘箱的烘盘上,在60℃的条件下干燥至一定的水分含量(30%左右),可以达到很好的膨化效果。预干燥的水分含量过高会影响膨化的正常进行。主要是以下原因:①由于过量的水通常是以自由态和表面吸附态的水的形式存在,往往不在密闭气体小室中,故很难成为引起物料膨胀的动力。②由于与物料其他组分相互间的约束力弱,较易优先汽化、占有有效能量,从而影响膨化效应。③含有过量水的物料,即使经历了膨化过程,物料仍然剩余过多的水分,难以使最终水分达到安全含水率以下,造成制品含水量偏高而回软,失去膨化制品应有的口感和风味。④过量的水可能导致定形物质如蛋白质在增压阶段提前变性,从而影响膨化。如果水分含量过低,则没有足够的膨化动力,还会使产品发焦发煳,甚至会产生苦味。

(5)均湿。哈密瓜经预干燥后,内部的水分含量分布不均匀。可将原料装入塑料袋中并把口扎紧,置低温条件下均湿处理2~3天,使原料的水分分布达到基本一致。

(6)膨化。可采用变温压差膨化干燥设备进行膨化。气流膨化的主要设备为一个压力罐和一个真空罐,真空罐的容积是压力罐的若干倍。将预干燥后水分含量降至30%的哈密瓜片原料放入压力罐后,加热至85~90℃。当观察孔的玻璃板上有大量水滴形成时,打开压力罐和真空罐间的大流量阀门瞬间抽真空1.7~2.2小时,使罐中压力迅速降低,从而引起哈密瓜的膨化。当观察孔玻璃上凝聚的水滴大部分消失后,将阀门关闭,压力罐中的压力将逐渐升高至压差最大。如此反复几次后,观察孔上的凝聚的水滴将大量减少。当从观察孔上观察到全部原料的体积均显著膨大,并且膨起均匀,表面干燥,无水汽蒸发,色泽均匀一致,并且恒温加热控制器指数和膨化罐压力指数不再波动时,停止加热,随后在压力罐的夹层壁中通入冷却水,使物料固化,待温度降至30℃以下,停滞一段时间后取出,即得到膨化哈密瓜片制品。

(7)分级、包装。将膨化后的哈密瓜片经挑选、分类后,可采用充氮气包装,以防止产品的氧化和贮运过程中的挤压损伤,或者真空密封包装。

4. 产品质量要求

膨化的哈密瓜片制品呈亮黄色或浅黄色,口感酥脆、略甜、后味好,无焦片,无软片,具有哈密瓜浓郁的香甜风味,无异味。含水量小于3%。

(七)膨化柑橘瓣

1. 原料

新鲜无核蜜橘。

2. 工艺流程

原料选择→清洗、热烫去皮→去络、分瓣→预干燥→均湿→膨化→冷却→分级、包装→成品。

3. 操作要点

（1）原料选择。选择果形端正、大小均匀、充分成熟的无核蜜橘，要求表皮光滑，色泽均匀，果肉饱满且较甜。剔除霉烂果、病虫害果和机械损伤果。

（2）清洗、热烫去皮。清水漂洗，洗去蜜橘果实表面黏附的泥土、灰尘等外来杂质。柑橘表皮的去除一般采用热水浸渍法，一定要注意热烫的时间和温度，防止热烫过度，造成果肉过熟，影响成品的风味和色泽。一般控制热水温度为95～100℃，热烫时间为30～90秒。当热水温度更高时或用热蒸汽处理时，可适当缩短热烫的时间。另外，对于果大皮厚、成熟度低的果实热烫时间应略长于果小皮薄、成熟度高的果实。待热烫结束后，应趁热剥皮，剥皮可采用机械去皮和手工去皮两种。

（3）去络、分瓣。去皮后的柑橘应边冷却边用机械或人工的方法进行分瓣。

（4）预干燥。挑选大小一致的橘瓣样品，混合、整齐地平铺于烘箱的烘盘上，在80℃的条件下干燥约9小时，待橘瓣的水分含量降至35%左右即可结束干燥，此时的橘瓣进行膨化可以达到很好的膨化效果。

（5）均湿。橘瓣经预干燥后，内部的水分含量分布不均匀。可将原料装入塑料袋中并把口扎紧，置低温条件下均湿处理2～3天，使原料的水分分布达到基本一致。

（6）膨化。可采用变温压差膨化干燥设备进行膨化。气流膨化的主要设备为一个压力罐和一个真空罐，真空罐的容积是压力罐的若干倍。将预干燥后水分含量降至35%的橘瓣原料放入压力罐后，加热至90℃。当观察孔的玻璃板上有大量水滴形成时，打开压力罐和真空罐间的大流量阀门瞬间抽真空2小时，使罐中压力迅速降低，从而引起柑橘瓣的膨化。当观察孔玻璃上凝聚的水滴大部分消失后，将阀门关闭，压力罐中的压力将逐渐升高至压差最大（0.1兆帕）。如此反复几次后，观察孔上的凝聚的水滴将大量减少。当从观察孔上观察到全部原料的体积均显著膨大，并且膨起均匀，表面干燥，无水汽蒸发，色泽均匀一致，并且恒温加热控制器指数和膨化罐压力指数不再波动时，停止加热，随后在压力罐的夹层壁中通入冷却水，使物料固化，待温度降至30℃以下，停滞5分钟后取出,即得到膨化柑橘瓣制品。

(7)分级、包装。将膨化后的橘瓣经挑选、分类后,可采用充氮气包装,以防止产品的氧化和贮运过程中的挤压损伤,或者真空密封包装。

4. 产品质量要求

膨化的橘瓣制品呈明亮的橙黄色,外形整齐,口感酥脆、略甜,无裂片,无焦片,无软片,具有蜜橘浓郁的香甜风味,无异味。含水量小于3%。

(八)膨化葡萄

1. 原料

新鲜红提葡萄。

2. 工艺流程

原料选择→剪穗、清洗→预干燥→均湿→低温气流膨化干燥→冷却→分级、包装→成品。

3. 操作要点

(1)原料选择。选择果形端正、大小均匀、充分成熟的红提葡萄,要求表皮光滑,色泽均匀,果肉饱满且较甜。剔除霉烂果、病虫害果和机械损伤果。

(2)剪穗、清洗。将果穗较大的葡萄串剪成较小的葡萄串,清水漂洗,洗掉葡萄表面黏附的泥土、灰尘等杂质。

(3)预干燥。挑选果穗基本一致的葡萄串,整齐地吊挂于烘箱中,在80℃的条件下干燥,待葡萄的水分含量降至23%左右即可结束干燥,此时的葡萄进行膨化可以达到很好的膨化效果。

(4)均湿。葡萄经预干燥后,内部的水分含量分布不均匀。可将原料装入塑料袋中并把口扎紧,置低温条件下均湿处理2~3天,使原料的水分分布达到基本一致。

(5)膨化。可采用低温气流膨化干燥设备进行膨化。预干燥后的葡萄(水分含量23%左右)均匀铺在膨化罐的每个料盘上,然后装入膨化罐密封,启动空压机,使真空罐内的压力降低,打开加热阀门,对物料进行加热,膨化温度为84℃并稳定后,打开水泵、罗茨泵,当真空罐压力达到-0.1兆帕时,停滞一段时间后,打开真空阀门,进行瞬间膨化,膨化后将膨化罐温度降至不同温度,真空脱水不同时间后,然后进行排潮,然后通入冷却水将温度降至30~40℃,维持5分后,打开通气阀门,恢复常压后开罐取出产品。

(6)分级、包装。将膨化后的葡萄穗逐个剪成葡萄粒,经挑选、分类后,可采用充氮气包装,以防止产品的氧化和贮运过程中的挤压损伤,或者真空密封包装。

4. 产品质量要求

膨化的葡萄制品呈深紫色或紫红色,外形整齐,口感酥脆、略甜,无裂果,无焦果,无软果,具有葡萄浓郁的香甜风味,无异味。含水量小于3%。

(九)膨化草莓脆片

1. 原料

新鲜草莓。

2. 工艺流程

原料选择→清洗→切片→护色→预干燥→均湿→气流膨化→冷却→分级、包装→成品。

3. 操作要点

(1)原料选择。选择果形端正、大小均匀、成熟度适中的新鲜葡萄,要求果肉饱满且较甜。剔除霉烂果、病虫害果和机械损伤果。

(2)清洗。清水浸泡漂洗,洗掉表面黏附的泥土、灰尘等杂质。

(3)切片。人工横向切片,将草莓果切成5毫米厚的薄片。

(4)护色。将切片后的草莓片浸入浓度为4.0克/升氯化钠、2.0克/升柠檬酸和1.0克/升异抗坏血酸钠的混合护色液中,浸泡20分,之后,捞出沥水。

(5)预干燥。沥水后的草莓片,摆放于烘盘中,送入烘箱,在60℃的条件下预干燥,待草莓片的水分含量降至15%左右即可结束干燥。

(6)均湿。草莓片经预干燥后,内部的水分含量分布不均匀。可将原料装入塑料袋中并把口扎紧,置室温下均湿处理24小时,使原料的水分分布达到基本一致。

(7)气流膨化。可采用气流膨化干燥设备进行膨化。预干燥后的草莓片(水分含量15%左右)装入压力罐中,密封,启动空压机,使真空罐内的压力降低,打开加热阀门,对物料进行加热,膨化温度为75℃,同时调节压力罐与真空罐压力差值为110千帕,并保持20分,之后迅速打开连接压力罐和真空罐(已预先抽真空)的减压阀,维持压力罐负压状态30分后,开罐取出产品。

(8)分级、包装。将膨化后的草莓片冷却,经挑选、分类后,可采用充氮气密封包装,以防止产品的氧化和贮运过程中的挤压损伤,或者真空密封包装。

4. 产品质量要求

膨化的草莓片制品呈鲜艳的红色,气孔小且分布均匀,外形整齐,口感酥脆、略甜,无裂片,无焦片,无软片,具有草莓浓郁的香甜风味,无异味。含水量小于3%。

(十)膨化猕猴桃脆片

1. 原料

新鲜猕猴桃。

2. 工艺流程

原料选择→清洗→去皮→切片→护色→预干燥→糖浸→气流膨化→冷却→分级、包装→成品。

3. 操作要点

(1)原料选择。选择果形端正、大小均匀、成熟度适中的新鲜猕猴桃,要求果肉饱满且较甜。剔除霉烂果、病虫害果和机械损伤果。

(2)清洗。清水浸泡漂洗,洗掉表面黏附的泥土、灰尘等杂质及外表皮的部分茸毛。

(3)去皮、切片。采用碱液去皮法,并采用机械切片机,将猕猴桃切成5毫米厚的薄片。

(4)护色。将切片后的猕猴桃片浸入浓度为0.15%氯化钠、0.1%维生素C、0.35%柠檬酸和0.3%氯化钙的混合护色液中,浸泡30分,之后,捞出沥水。

(5)糖浸。护色沥水后的猕猴桃片浸入浓度为20%蔗糖或45%麦芽糖或0.15%甜菊糖的糖液中,在0.09兆帕真空条件下渗糖20分,之后,捞出,沥去表面的糖液。

(6)预干燥。沥糖后的猕猴桃片,摆放于烘盘中,送入烘箱,在60℃的条件下预干燥,待草莓片的水分含量降至30%左右即可结束预干燥。

(7)均湿。猕猴桃片经预干燥后,内部的水分含量分布不均匀。可将原料装入塑料袋中并把口扎紧,置室温下均湿处理24小时,使原料的水分分布达到基本一致。

(8)气流膨化。可采用低温气流膨化干燥设备进行膨化。预干燥后的猕猴桃片(水分含量30%左右)装入压力罐中,密封,启动空压机,使真空罐内的压力降低,打开加热阀门,对物料进行加热,膨化温度为80℃,停滞时间为5分,抽真空温度为55~60℃,抽真空时间为180分,同时调节压力罐与真空罐压力差值为0.13兆帕。之后迅速打开连接压力罐和真空罐(已预先抽真空)的减压阀,维持压力罐负压状态 30 分后,开罐取出产品。

（9）分级、包装。将膨化后的猕猴桃片冷却,经挑选、分类后,可采用充氮气密封包装,以防止产品的氧化和贮运过程中的挤压损伤,或者真空密封包装。

4. 产品质量要求

膨化的猕猴桃片制品呈浅黄绿色,略带褐色,气孔小且分布均匀,外形整齐,口感酥脆,酸甜可口,无裂片,无焦片,无软片,具有猕猴桃浓郁的酸甜风味,无异味。含水量小于 3%。

四、蔬菜类膨化脆片加工工艺

（一）膨化甘薯脆片

1. 原料
新鲜甘薯。

2. 工艺流程
原料选择→清洗→去皮、切分→前处理→变温压差膨化干燥→冷却→分级、包装→成品。

3. 操作要点

（1）原料选择。选择果形顺溜的新鲜甘薯,剔除霉烂、虫蛀、机械损伤的果实。

（2）清洗。采用清水漂洗法,洗掉表面的泥沙、尘土等杂质。

（3）去皮、切分。采用去皮机将甘薯外皮去掉,并采用切片机对其进行切片,厚度控制在 2 毫米。

（4）前处理。采取加热 + 冷冻 + 浸渍的方法对甘薯处理,即将甘薯片放入沸水中加热 5 分,然后在 -20℃低温箱中冷冻 15 小时,取出后迅速放入 15% 的麦芽糖浆溶液中,在室温（20 ±5℃左右）下浸泡解冻 8 小时后取出,再送入膨化设备中进行膨化干燥。

（5）变温压差膨化干燥。打开膨化罐罐门,将预处理好的甘薯片,均匀铺摆在料盘上,避免甘薯片之间的粘连和重叠。将铺摆好的料盘按顺序放回对应的位置,关闭罐门,密封。检查变温压差膨化设备的各阀门状态,确认正常后,开启空压机,使其加压达 0.7 ~ 0.8 兆帕,打开供热阀门,使膨化罐内的温度慢慢升至 90℃,并保持一段时间。开启真空泵使泵压达到 -0.098 ~ -0.01 兆帕,随后把泄压阀打开,罐内原料被迅速膨起。将冷却水立刻注入蒸汽发生管道内,使温度再降回到抽真空温度90℃,抽真空1小时,然后再通入冷水将蒸汽管道中的温度降回到室温,关上泄压阀,将通气阀打开,待罐中压力恢复到正常状态以后即可将样品取出。

(6)分级、包装。将膨化后的甘薯脆片经挑选、分类后,可采用充氮气包装,以防止产品的氧化和贮运过程中的挤压损伤,或者真空密封包装。

4. 产品质量要求

采用变温压差膨化加工的甘薯脆片色泽呈浅黄色,口感酥脆,含水量小于5%。

(二)膨化马铃薯脆片

1. 原料

新鲜马铃薯。

2. 工艺流程

原料选择→清洗→去皮、切分→变温压差膨化干燥→冷却→分级、包装→成品。

3. 操作要点

(1)原料选择。选择果形端正的新鲜马铃薯,剔除出芽、霉烂、虫蛀和机械损伤的果实。

(2)清洗。采用清水漂洗法,洗掉表面的泥沙、尘土等杂质。

(3)去皮、切分。采用去皮机将马铃薯外皮去掉,并采用切片机对其进行纵向切片,切成圆片形,切片厚度控制在2毫米左右。

(4)变温压差膨化干燥。打开膨化罐罐门,将切片后的马铃薯片,均匀铺摆在料盘上,避免薯片之间的粘连和重叠。将铺摆好的料盘按顺序放回对应的位置,关闭罐门,密封。检查变温压差膨化设备的各阀门状态,确认正常后,开启空压机,打开供热阀门,使膨化罐内的温度慢慢升至135℃,并保持一段时间。开启真空泵使泵压达到 -0.098～-0.01 兆帕,随后把泄压阀打开,罐内原料被迅速膨起。将冷却水立刻注入蒸汽发生管道内,使温度再降回到抽真空温度125℃,抽真空1小时,然后再通入冷水将蒸汽管道中的温度降回到室温,关上泄压阀,将通气阀打开,待罐中压力恢复到正常状态以后即可将样品取出。

(5)分级、包装。将膨化后的马铃薯脆片经挑选、分类后,可采用充氮气包装,以防止产品的氧化和贮运过程中的挤压损伤,或者真空密封包装。

4. 产品质量要求

采用变温压差膨化加工的马铃薯脆片色泽呈浅黄色或白色,口感酥脆,无焦片,无软片,含水量小于5%。

(三)膨化南瓜脆片

1. 原料

新鲜南瓜。

2. 工艺流程

原料选择→清洗→去皮、去瓤→切分→热烫→气流膨化干燥→冷却→分级、包装→成品。

3. 操作要点

(1)原料选择。选择果形端正、体形较大、均匀的新鲜南瓜,剔除霉烂、虫蛀和机械损伤的果实。

(2)清洗。采用清水漂洗法,洗掉南瓜表面的泥沙、尘土等杂质。

(3)去皮、去瓤。采用机械去皮机或手工去皮法将南瓜外皮去掉,并将南瓜切半,取出内部的瓜瓤。

(4)切分。采用人工或机械切片机对其进行切片,可采用纵切或横切的方式,将南瓜切成柱状,切片厚度控制在 8 毫米左右。

(5)热烫。将柱状的南瓜片,放入热烫液中处理一段时间,既可灭酶,也可起到护色的效果。

(6)气流膨化干燥。打开膨化罐罐门,将热烫后的南瓜片,均匀铺摆在料盘上,避免南瓜片之间的粘连和重叠。将铺摆好的料盘按顺序放回对应的位置,关闭罐门,密封。检查变温压差膨化设备的各阀门状态,确认正常后,开启空压机,打开供热阀门,设定膨化罐内的温度为 100 ~ 105℃,并保持 50 分。开启真空泵使泵压达到 105 ~ 110 千帕,随后把泄压阀打开,罐内原料被迅速膨起。将冷却水立刻注入蒸汽发生管道内,待温度降回到室温,关上泄压阀,将通气阀打开,待罐中压力恢复到正常状态以后即可将样品取出。

(7)分级、包装。将膨化后的南瓜脆片经挑选、分类后,可采用充氮气包装,以防止产品的氧化和贮运过程中的挤压损伤,或者真空密封包装。

4. 产品质量要求

膨化加工的南瓜脆片色泽呈金黄色或橙黄色,口感酥脆,无焦片,无软片,含水量小于5%。

（四）膨化菊芋（洋姜）脆片

1. 原料

新鲜菊芋。

2. 工艺流程

原料选择→清洗→去皮、切分→护色→添加

剂浸渍→沥干→预干燥→均湿→微波膨化干燥→固化→分级→包装→成品。

3. 操作要点

（1）原料选择。选择新鲜菊芋，剔除霉烂、虫蛀及机械损伤的果实。

（2）清洗。采用清水漂洗法，洗掉表面的泥沙、尘土等杂质。

（3）去皮、切分。采用人工去皮将，并对其进行切片，厚度控制在6毫米。

（4）护色。将切片后的菊芋片立即浸入0.05%柠檬酸溶液中浸泡30分进行护色，之后，捞出沥干水分。

（5）添加剂浸渍。将沥水之后的菊芋片浸入1.5克/毫升氯化钠、1.0克/毫升糊精和0.4克/毫升氯化钙的混合溶液中浸渍处理2小时，之后，捞出，沥水。

（6）预干燥、均湿。将添加剂浸渍后的菊芋片沥水后，放入烘盘中，在90℃的条件下热风干燥3.5小时，待水分含量降至20%即可结束预干燥。取出，将菊芋片密封在塑料袋中，在室温下放置4小时进行水分的均衡处理。

（7）微波膨化干燥。采用微波炉的挡功率低对菊芋片进行膨化，时间为150秒。

（8）固化、包装。将膨化后的菊芋脆片在45℃的热风干燥箱中进行4小时的固化处理，然后经挑选、分类后，充氮气密封包装，置于5℃低温保藏24小时即可放到常温中储存。

4. 产品质量要求

采用微波膨化加工的菊芋脆片色泽洁白或呈浅白色，口感酥脆，入口后无渣，含水量小于5%。

（五）膨化胡萝卜脆片

1. 原料

新鲜胡萝卜。

2. 工艺流程

原料选择→清洗→去皮、切块→糖煮→预干燥→均湿→气流膨化干燥→冷却→分级→包装→成品。

3. 操作要点

（1）原料选择。选择果形圆润、顺直的新鲜胡萝卜，剔除霉烂、虫蛀及机械损伤的果实。

（2）清洗。采用清水漂洗法，洗掉表面的泥沙、尘土等杂质。

（3）去皮、切分。采用人工去皮法，并对其进行切分，将其切成 1 厘米^3 的丁状或 2 ~ 3 厘米长的条状，膨化效果最佳。

（4）糖煮。将切分后的胡萝卜丁立即浸入 10% 白砂糖和 0.25% 柠檬酸的混合溶液中，加热煮沸 20 分，停火，浸渍 3 小时，之后，捞出沥干糖分。

（5）预干燥、均湿。将糖煮后的胡萝卜块放入烘盘中，在 80℃ 的条件下热风干燥 3.5 小时，待水分含量降至 23% 即可结束预干燥。取出，将其装入塑料袋中，扎紧袋口，置低温条件下进行水分的均衡处理，时间为 2 天，使原料的水分分布基本达到一致。

（6）气流膨化干燥。气流膨化的主要设备为一个压力罐和一个真空罐，真空罐的体积是压力罐的若干倍。将预干燥后的胡萝卜丁或条放入压力罐后，加热膨化温度为 110℃。当观察孔的玻璃板上有大量的水滴形成时，打开压力罐与真空罐之间的大流量阀门，瞬间抽真空，使压力罐中的压力迅速降低，从而引起物料的膨化。当观察孔玻璃上凝聚的水滴大部分消失后，将阀门关闭，压力罐中的压力将逐渐升高至压差最大，膨化压差控制在 105 千帕。如此反复几次后，观察孔上的凝聚的水滴将大量减少，当从观察孔上看到原料膨化较好、色泽合适时停止加热，随后在压力罐的夹层壁中通入冷却水使物料温度降至室温。整个膨化时间为 60 分。

（7）分级、包装。将膨化后的胡萝卜脆片经挑选、分类后，充氮气密封包装，或者真空密封包装，然后置于阴凉避光处储存。

4. 产品质量要求

低温气流膨化加工的胡萝卜脆片色泽呈橘红色，口感酥脆、香甜，膨化均匀，外形整齐，入口后无渣，含水量小于 5%。

（五）膨化莲藕脆片

1. 原料

新鲜莲藕。

2. 工艺流程

原料选择→清洗→去皮、切片→护色→漂烫→浸糖→热风－真空微波－气流膨化干燥→冷却→分级→包装→成品。

3. 操作要点

（1）原料选择。选择果形圆润、顺直、肉质肥嫩、色泽洁白的新鲜莲藕,剔除霉烂、虫蛀及机械损伤的莲藕。

（2）清洗。采用清水漂洗法,洗掉表面的泥沙、尘土等杂质。

（3）去皮、切分。采用人工去皮法,并对其进行切分,将其切成 3~5 毫米厚的薄片。

（4）护色。将切片后的莲藕立即浸入 1.0% 氯化钠和 0.2% 柠檬酸的混合护色溶液中,浸渍处理 20 分,之后,捞出沥水。

（5）漂烫。将护色后的莲藕片放入沸水中漂烫处理 3 分,之后,迅速捞出,流动水冷却至常温。

（6）浸糖。冷却后的莲藕片浸于 2.0% 的麦芽糖精溶液中浸渍 1 小时,之后,取出沥干糖液。

（7）热风－真空微波－气流膨化干燥。将糖渍后的莲藕片放入烘盘中,在 60℃ 的条件下热风干燥至水分含量降至 70%,取出;接着在真空度为 0.08 兆帕和微波功率 1 200 瓦的条件下,干燥至莲藕片含水率降至 40%,取出,将其装入塑料袋中,扎紧袋口,在 4℃ 条件下均湿 18 小时,使原料的水分分布基本达到一致;然后在膨化压力 0.11 兆帕、膨化温度 85℃、膨化时间 45 分、抽真空干燥温度 45℃、抽真空干燥时间 90 分、真空罐内压力 -0.095 ~ -0.01 兆帕的条件下气流膨化干燥。

（8）分级、包装。将膨化后的莲藕脆片经冷却、挑选、分类后,充氮气密封包装,置于阴凉避光处储存。

4. 产品质量要求

热风－真空微波－气流膨化加工的莲藕脆片色泽呈浅白色或暗白色,褐变度低,口感酥脆、较甜,膨化均匀,多孔性好,外形整齐,含水量小于 5%。

第三节　果蔬膨化加工机械与设备

一、油炸膨化

（一）油炸机及辅助设备

1. 常压油炸设备

（1）电加热油炸设备（图4-1）。工作时，首先精确调控油温，然后将待炸果蔬原料置于物料网篮中，将网篮放入油锅中炸，炸好后连篮一起取出。物料篮可以取出清洗，但无滤油作用。该设备为间歇炸锅，可满足小型加工厂的需求，生产能力较低。

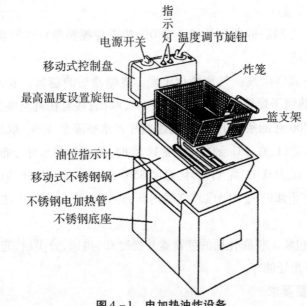

图4-1　电加热油炸设备

（2）燃气式油炸设备。是以燃气为能源的一种油炸设备，该设备主要由火焰控制、油炸时间、温度控制、气压调节、排烟、除废渣等装置组成，是快餐业、食品生产线的配套设备，使用安全、方便、卫生，是较为理想的油炸设备。

（3）连续式深层油炸设备（图4-2）。该设备无炸笼却能使物料全部浸没在油中连续进行油炸，油的加热是在锅外进行；具有液压装置，能把整个输送器框架及其附属零部件从油槽中升起或下降。

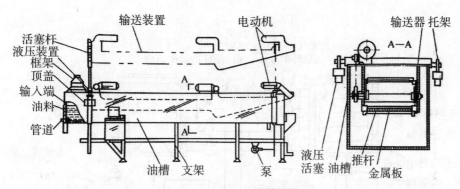

图4-2 连续式深层油炸设备

2. 真空油炸设备

（1）连续式真空油炸设备。如图4-3所示，连续真空油炸设备的主体为一卧式筒体。首先，待炸原料由闭风器进入，落入具有一定油位的筒内进行油炸，物料由输送器带动向前运动。待油炸结束后，将炸好的产品由输送器带入无油区输送带，边输送边沥油，物料由出料闭风器排出。油由入油管进入筒体，由出油口排出，经过滤后可循环使用。筒体通过接口与真空泵相连以实现油炸时所需的真空条件。

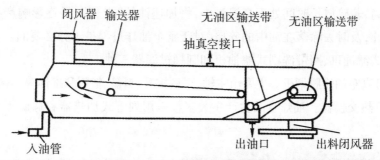

图4-3 连续式真空油炸设备

（2）全自动真空油炸机。如图4-4所示，该设备主要是通过自控加热系统、自控循环系统、自控真空系统、自控定时系统、自控脱油机出料系统实现真空油炸食品生产的全自动。

3. 高压油炸设备

该设备是在101.33千帕（1标准大气压）以上的压力下炸制各种中式和西式食品。采用不锈钢制造，气、电两用，油温、炸制时间自动控制，并具有报警装置和自动排气性能，无油烟污染，而且可炸制多种食品，如肉类、蔬菜、薯类等。

4. 油炸辅助设备

（1）滤油机。在油炸过程中，难免会有一些原料的碎屑落入油炸锅中，由于

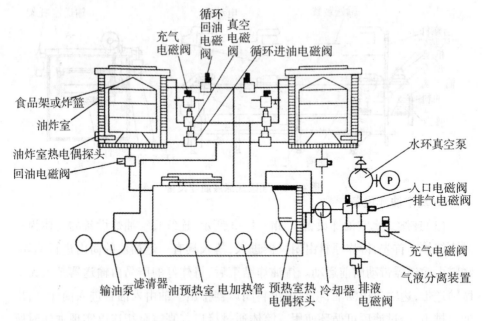

图 4-4　全自动真空油炸机

油温很高,若碎屑长时间处于高温油中,将加速油的"老化",最终影响产品的品质。因此,及时去除落在油中的碎屑,对于整个油炸过程是十分必要的。常见的有浮筒式滤油机、网带洗刷式滤油机和圆桶过滤器三种。

(2)真空油炸脱烟机。主要由主轴、料篮提升、料篮、料门和罐体等结构组成。

(3)热交换器。油炸食品生产中大多数采用列管式加热器和螺旋板式热交换器。

二、微波膨化

微波膨化设备主要由电源、微波管、连接波导、加热器及冷却系统等几部分组成。常见的微波膨化设备有箱式和隧道式膨化设备。

1. 箱式微波膨化设备

箱式微波膨化器的基本结构主要由腔体、微波系统、转盘、搅拌器、观察窗、排湿孔等组成(图 4-5)。工作时,被加热膨化的物料置于腔体中,受到来自各个方向的微波能,微波在箱壁上损

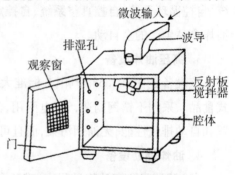

图 4-5　箱式微波膨化设备

失很少,未被物料吸收的能量在腔体内穿透介质到达壁后,由于反射而又重新回到介质中形成多次反复的加热膨化。

2. 隧道式微波膨化设备

图4-6和图4-7为两种形式的谐振腔隧道式连续微波加热膨化设备。该设备主要由微波谐振腔体和输送带组成。为了防止进出口处的微波能泄露,输送带上安装有对微波起屏蔽作用的微波漏能抑制器和吸收材料,如金属挡板(图4-6)、吸收可能泄露微波能的水负载(图4-7)或在进出料口安装金属链条形成局部短路。隧道上部设置有排湿装置,用于排除加热膨化过程中物料蒸发出的水分。

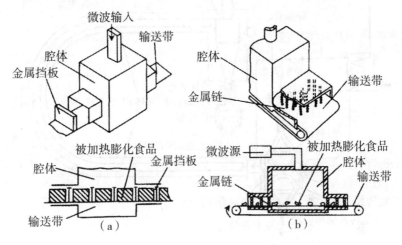

图4-6　连续式金属挡板型谐振腔加热器

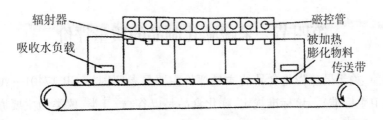

图4-7　连续式多谐振腔微波加热膨化器

三、气流膨化设备

主要采用的是连续式气流膨化设备,该设备主要由过热器、供料装置、加热管、分离器、鼓风机和膨化装置等组成(图4-8)。工作时,将待膨化的原料从加料斗下部的人字形滑料槽进入旋转式供给装置中,被高压过热蒸汽吹入加热管中,原料在加热管的高温气流中呈悬浮状态,在数秒内瞬间加热到所要求的温度。加热后的原料用旋风分离器捕集后,通过旋转式高压阀门连续地向膨化罐排出,在这一瞬间,加热管内处于过热状态的原料排出管外,压力骤然从高压降到常压,原料中水分瞬间汽化膨胀,把原料喷爆膨化为多孔的海绵状膨化制品。

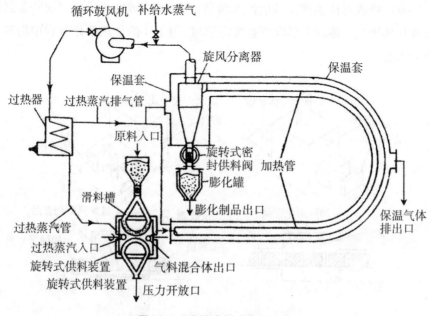

图4-8 连续式气流膨化设备

第四节 果蔬膨化制品的质量评价

目前,关于果蔬膨化食品的质量评价主要是参照国标 GB 17401—2003(膨化食品卫生标准)。该标准规定,膨化食品是以谷物、豆类、薯类为主要原料,采用膨化工艺制成的体积明显增大,且具有一定膨化度的一类酥脆食品。对以果蔬为膨化原料加工成的膨化食品,可以参照该标准中的感官标准、理化指标和微生物指标进行评价。

一、膨化食品感官标准

(一)焙烤型、油炸型和直接挤压型产品的感官要求

焙烤型、油炸型和直接挤压型产品的感官要求见表4－1。

表4－1　焙烤型、油炸型和直接挤压型产品的感官要求

项目	要求
色泽	色泽正常,且基本均匀,不得有过焦的颜色
滋味、气味	具有该主要原料经加工后应有的香味,无焦苦味、油味及其他异味
形态	具有该产品的特定形状,外形完整,大小较均匀
组织	内部呈多孔型,基本没有结块现象。焙烤型和油炸型产品应口感酥脆,不黏牙;直接挤压型产品应口感疏松,不黏牙
杂质	无外来杂质

(二)花色型产品的感官要求

花色型产品的感官要求见表4－2。

表4－2　花色型产品的感官要求

项目	要求
色泽	色泽正常,且基本均匀,坯子不得有过焦的颜色
滋味、气味	具有主要原料经加工后应有的香味,无焦苦味、油味及其他异味
形态	具有该产品的特定形状,外形完整,大小较均匀。夹心产品的夹心料应无外溢,涂层产品应涂布均匀
组织	具有该产品应有的特征,坯子应符合表4－1的规定。夹心产品的坯子应厚薄均匀,夹心层次分明。涂层产品的涂层应厚薄均匀,层次分明
杂质	无外来杂质

二、膨化食品理化标准

膨化食品的理化指标应符合表4－3的规定。

表4-3 膨化食品的理化指标

项目		指标	
		油炸型	非油炸型
水分(克/100克)	≤	7	
筛下物(%)	≤	5.0	
脂肪(%)	≤	40.00	
酸价(以脂肪计)[氢氧化钾/(毫克/克)]	≤	3	—
过氧化值(以脂肪计)(克/100克)	≤	0.25	—
羰基价(以脂肪计)(毫克/千克)	≤	20	—
总砷(以As计)(毫克/千克)	≤	0.5	
铅(Pb)(毫克/千克)	≤	0.5	
铝(Al)(毫克/千克)	≤	100	
黄曲霉毒素 B_1(以玉米为原料)(毫克/千克)	≤	5	
食品添加剂		按照GB 2760的规定执行	
氯化钠(%)	≤	普通型	大颗粒型[①]
		2.5	4.5

注:①大颗粒型是指大颗粒盐粘在表面的产品。

三、膨化食品微生物学指标

膨化食品的微生物学指标应符合表4-4的规定。

表4-4 膨化食品的微生物学指标

项目	指标
菌落总数(cfu/克)≤	10 000
大肠菌群(MPN/100克)≤	90
致病菌	不得检出

第五章
其他果蔬干制品的加工

章节要点

1. 果丹皮的加工。
2. 果蔬口香糖片的加工。
3. 果蔬粉的加工。

第一节 果丹皮的加工

一、果丹皮的概念

果丹皮一般是指以山楂为原料,通过软化、打浆、调味、浓缩、干燥等工序加工而成的一种休闲食品。果丹皮酸甜可口,有助于消化,儿童尤为喜食。目前,果丹皮的制作原料不仅仅只局限于山楂这一种原料,也可添加苹果、柿子、桃、菠萝等,生产出不同风味和色泽的果丹皮产品。

二、果丹皮加工的原料

可制作果丹皮的原料很多,主要有山楂、苹果、杏、菠萝、梨、猕猴桃、葡萄、橘子、桃、柿、番茄等,只要果实的含糖量、含酸量和果胶物质含量较高都可以作为制作果丹皮的原料。另外,果丹皮的制作对原料的要求不高,一些残次果以及果品加工厂生产罐头、果脯的下脚料也可以作为制作原料,但是一定要符合食品卫生标准。比如,榨汁后的苹果渣、菠萝渣、柑橘渣、番茄渣、猕猴桃渣、葡萄渣等都可以作为制作果丹皮的原料。这既丰富了果蔬加工品的种类,也充分实现了果蔬的综合加工利用。

三、果丹皮的加工工艺

(一)山楂果丹皮

1. 原料

山楂。

2. 工艺流程

原料选择→清洗→软化、打浆→加糖浓缩→刮片、干燥→切片、包装→成品。

3. 操作要点

(1)原料选择。选择含糖量、含酸量和含果胶物质较多的新鲜山楂为原料,除去残伤、腐烂、病虫害等果实。也可选用生产山楂罐头和果脯的下脚料作为山楂果丹皮的原料,但要与新鲜山楂搭配使用。

(2)清洗。清水漂洗,洗掉表面附着的泥沙、尘土等杂质。

(3)软化、打浆。将清洗后的山楂果放入不锈钢夹层锅中,加入约为果实重量的50%的水,加热煮沸,保持20~30分,待果实软化后,趁热倒在筛板孔径为0.5~1.0毫米的打浆机中打浆。除去皮渣,得到山楂浆。

(4)加糖浓缩。将山楂浆和相当于山楂浆重量的40%的白砂糖倒入夹层锅中,加热浓缩。在浓缩过程中要注意搅拌,防止焦煳。浓缩至稠糊状,可溶性固形物达到20%左右时即可出锅。

(5)刮片、干燥。将浓缩好的山楂浆倒在钢化玻璃板上,刮成厚度为0.3~0.5厘米的薄片,刮好后,将其送入干燥室中,在60~65℃条件下烘干8小时左右,待手摸不黏,含水量约18%,且具有韧性的皮状时可以结束干燥。将干燥好的山楂果丹皮趁热揭起,再放到烘盘上烘干表面水分即可。

(6)切片、包装。将山楂片切成10厘米×5厘米的长方形,卷成卷,采用透明塑料包装即可。也可在切好的长方块山楂片上撒少许白砂糖,然后再卷,最后包装即可。

4. 产品质量要求

山楂果丹皮成品为卷状,呈浅红色或暗红色,有韧性,无杂质,酸甜可口,无异味。总糖含量为60%左右,总酸含量为0.8%~1.0%,水分含量小于20%。

(二)桃制果丹皮

1. 原料

桃。

2. 工艺流程

原料选择→清洗→切半、去核→软化、打浆→加糖浓缩→摊盘、干燥→切片、包装→成品。

3. 操作要点

(1)原料选择。选择新鲜桃为原料,剔除残伤、腐烂、病虫害等的果实,对于机械损伤的果实,削去机械损伤处果肉后也可以作为制作果丹皮的原料,但要与新鲜桃肉搭配使用。

(2)清洗。清水漂洗,洗掉桃果表面附着的绒毛、泥沙、尘土等杂质。

(3)切半、去核。将洗净的鲜桃纵切成两半,采用不锈钢的刀具挖去桃核,清水冲洗果块。

(4)软化、打浆。将清洗后的桃果块放入不锈钢夹层锅中,按照果块:水 = 1:1的比例将水倒入夹层锅中,煮沸10~15分。待果实软化后,趁热入打浆机中打浆。除去皮渣,得到桃浆。

(5)加糖浓缩。将桃浆和相当于桃浆重量的15%的白砂糖倒入不锈钢夹层锅中,加热熬煮、浓缩。在浓缩过程中要不断搅拌,以免焦煳。浓缩至稠糊状,采用手持折光仪测定,待可溶性固形物达到20%左右时即可关火,出锅。

(6)摊盘、干燥。将浓缩好的桃浆糊状物均匀摊在不锈钢的烘盘或钢化玻璃板上,使形成厚度为0.3~0.5厘米的薄片,然后将其送入干燥室中,在60~70℃条件下烘干8小时左右,待手摸不黏,含水量约18%,且具有韧性的皮状时可以结束干燥。将干燥好的桃制果丹皮趁热揭起,再放到烘盘上烘干表面水分即可。

(7)切片、包装。将桃制果丹皮切成10厘米×5厘米的长方形,卷成卷,采用透明塑料包装即可。也可先将揭起的桃制果丹皮卷成卷,然后再切块,最后包装即可。

4. 产品质量要求

桃制果丹皮成品为卷状,呈浅褐色或暗褐色,有韧性,无杂质,酸甜可口,无异味。总糖含量为60%左右,总酸含量为0.8%~1.0%,水分含量小于20%。

(三)柿子果丹皮

1. 原料

柿子、山楂。

2. 工艺流程

原料选择→清洗→软化、打浆→加糖浓缩→摊盘、干燥→切片、包装→成品。

3. 操作要点

(1)原料选择。选择新鲜的软柿子为原料(100 千克),剔除残伤、腐烂、病虫害等果实。山楂(5 千克)应选择含糖量、含酸量和含果胶物质较多的新鲜山楂果为原料。对于机械损伤的果实,削去机械损伤处果肉后也可以作为制作果丹皮的原料。

(2)清洗。柿子和山楂去果蒂,清水漂洗,洗掉柿子和山楂果表面附着的泥沙、尘土等杂质。

(3)软化、打浆。将清洗后的柿子和山楂放入不锈钢夹层锅中,按照果块:水 =1:1的比例将水倒入夹层锅中,煮沸 10～15 分。待果实软化后,趁热入打浆机中打浆。除去皮渣,得到柿子和山楂的混合浆液。

(4)加糖浓缩。将混合果浆液和相当于浆液重量的 30% 的白砂糖倒入不锈钢夹层锅中,加热熬煮、浓缩。在浓缩过程中要不断搅拌,以免焦煳。浓缩至稠糊状,采用手持折光仪测定,待可溶性固形物达到 20% 左右时即可关火,出锅。

(5)摊盘、干燥。将浓缩好的混合果浆糊状物均匀摊在不锈钢的烘盘或钢化玻璃板上,使形成厚度为 0.3～0.5 厘米的薄片,然后将其送入干燥室中,在 50～55℃条件下烘干 12 小时左右,待手摸不黏,含水量约 18%,且具有韧性的皮状时可以结束干燥。将干燥好的柿子果丹皮趁热揭起,再放到烘盘上烘干表面水分即可。

(6)切片、包装。将柿子果丹皮切成 10 厘米×5 厘米的长方形,卷成卷,采用透明塑料包装即可。也可先将揭起的果丹皮卷成卷,然后再切块,最后包装即可。

4. 产品质量要求

柿子果丹皮成品为卷状,呈橙黄色或红黄色,有韧性,无杂质,酸甜可口,无异味。总糖含量为 60% 左右,总酸含量为 0.8%～1.0%,水分含量小于 20%。

第二节　果蔬口香糖片的加工

一、口香糖包装食品的概况

口香糖是以天然树胶或甘油树脂为胶体,加入糖浆、薄荷、甜味剂等调和、压制而成的一种供人们放入口中嚼咬的休闲糖类食品。口香糖既可吃又可玩,深受青年人和儿童的喜爱,同时也可以消除口中异味,是活跃交往气氛的一种交际食品。另外,通过咀嚼口香糖带来的面部肌肉运动,在提升口腔健康方面也起到很重要的功效。而且,咀嚼口香糖也有利于提高专注度、注意力与警觉性。然而,由于口香糖具有的不可吞咽性,从而造成的环境污染却不容忽视。因此,以果蔬为原料,制作成口香糖的形式,既可以满足青年人和儿童对其的喜爱,也可以通过咀嚼吞咽,从而减少环境的污染。

果蔬口香糖片的原料来源广泛,加工方法简单,设备资金投入小,只要具备一般果品加工设备的厂家或个体户,均可上马生产。目前,将果蔬原料用于制作口香糖片的加工研究较少,所以,开发以果蔬原料制作口香糖片具有很好的市场前景。

二、果蔬口香糖片的加工

(一)枣片

1. 原料

红枣。

2. 工艺流程

原料选择→清洗→预煮→去核→打浆→调配、浓缩→装盘→刮片→干燥→焖片→切片→包装→成品。

3. 操作要点

(1)原料选择。选择无裂口、无病虫害、无霉烂的干红枣,剔除有病虫害、霉烂、腐败果和其他杂质。

(2)清洗。清洗掉附着在枣果上的泥土、灰尘、大部分微生物及部分残留农药。

(3)预煮。将洗净的红枣放入沸腾的不锈钢锅中,枣与水的比例为1:7,保持水温为 95 ~ 100℃,煮沸 15 分,保证枣的果肉煮透。

(4)去核。将预煮后的红枣冷却后,手工去核。

(5)打浆。将去核后的红枣连同煮枣液一同倒入打浆机进行打浆,然后用白纱布过滤,除去枣皮,测枣浆的可溶性固形物含量。

(6)调配、浓缩。在枣原浆中分别按原浆比例的 8%、0.5%、1.5% 加入白砂糖、酸味剂、淀粉,在熬制浓缩时不断用锅铲搅拌,防止焦煳,并按顺序依次加入配料,直到可溶性固形物含量达 34% 为止。

(7)刮片。刮片时先在木板上刷一层食用植物油以防粘连,而后取一定量果浆倒在成形模块内,用刮板刮平,使果浆成 5 ~ 6 毫米厚的坯片即可送入干燥箱。

(8)干燥。干燥箱温度控制在 60 ~ 70℃,烘 8 ~ 9 小时,当枣片半干、可用手揭下时,放在透气筛网上,继续烘干至枣片含水量为 20% 左右。

(9)焖片。将烘干后的枣片多层叠在一起,用塑料袋装好,密封存放 24 小时,使枣片坯内外水分均匀一致,增加成品的柔软弹韧性。

(10)切片。将大块枣片坯按要求切成口香糖大小,规格(长 × 宽)为 60 毫米 × 15 毫米。

(11)包装。参照市场出售口香糖的包装方式,内包锡纸,外包彩色图案纸,然后每 5 片或 20 片用外包装袋包好,即为成品。

4. 产品质量要求

枣片口香糖成品为长片状,呈棕褐色,有光泽,不透明,有韧性,无杂质,酸甜可口,无异味,稳定性好。总糖含量为 45% 左右,总酸含量为 0.6% ~ 1.0%,水分含量小于 20%。

(二)苹果枣片

1. 原料
苹果、干红枣、白砂糖。

2. 工艺流程
原料选择→清洗→加热软化→打浆→调配、浓缩→装盘→刮片→干燥→焖片→切片→包装→成品。

3. 操作要点
(1)原料选择。选择无病虫害、无霉烂的苹果和干红枣,去净苹果的顶花和果柄,剔除有病虫害、霉烂、腐败果和其他杂质。

（2）清洗。清洗掉附着在苹果和枣果上的泥土、灰尘、大部分微生物及部分残留农药。将苹果用不锈钢刀切成小块状，干枣采用水泡胀，洗净沥干水，备用。

（3）加热软化。将洗净的苹果块和泡胀后的红枣倒入锅内，原料与水的比例为1:（2~2.5），加热至沸，保持15分，保证苹果和枣的果肉煮透。将软化后的红枣冷却后，手工去核。

（4）打浆。将煮软的原料连同煮浆水一起打浆，除去果皮和渣，再用胶体磨过一遍，使浆料更加细腻均匀。

（5）调配、浓缩。将制好的果浆倒入夹层锅内，加热浓缩，待果浆的可溶性固形物达到40%左右时，加入白糖和淀粉糊，继续熬制，并不断搅拌，防止焦煳。待可溶性固形物达到55%左右时，即可关火，出锅。

（6）刮片。刮片时，先在烘盘或钢化玻璃上刷一层食用植物油以防粘连，而后取一定量果浆倒在成形模块内，用刮板刮平，使果浆成5~6毫米厚的坯片，即可送入烘房进行干燥。

（7）干燥。干燥温度控制在60~70℃，烘干10~12小时，当苹果枣片半干、可用手揭下时，放在透气筛网上，继续烘干至枣片含水量约15%左右。

（8）焖片。将烘干后的枣片多层叠在一起，用塑料袋装好，密封存放24小时，使枣片坯内外水分均匀一致，增加成品的柔软弹韧性。

（9）切片。将大块枣片坯按要求切成口香糖大小，规格（长×宽）为60毫米×15毫米。

（10）包装。参照市场出售口香糖的包装方式，内包锡纸，外包彩色图案纸，然后每5片或20片用外包装袋包好，即为成品。

4. 产品质量要求

苹果枣片口香糖成品为长片状，呈枣红色，有光泽，不透明，无杂质，酸甜可口，有苹果和枣的风味，有韧性，无异味，稳定性好。总糖含量为65%左右，总酸含量为0.6%~0.8%，水分含量小于15%。

第三节　果蔬粉的加工

一、果蔬粉的概念及优点

果蔬粉制品是随干燥技术发展而形成的另一类水果干制品，果蔬粉的加工是近年来出现的一种新型鲜果蔬加工技术。将果蔬原料加工成相应的果蔬粉，这种独特的物质存在形式随着现代化工业进步的需要显示出明显的优势：①果蔬粉水分含量低(≤6%)，减少了因果蔬腐烂造成的损失，而且低的水分含量也限制了微生物和酶的繁殖，大大降低了贮藏、运输、包装等方面的费用。②果蔬制粉对原料要求不严格，对原料的大小、形态没有要求，特别是对可食性的皮、核等均可利用，拓宽了果蔬原料的应用范围。③果蔬粉具有保存和使用方便、可调性强及营养丰富等特点，既保留了原水果蔬菜的营养风味，还充分利用了根、茎、叶、皮、核等，实现了果蔬的全效利用和没有皮渣的生产，而且不添加任何添加剂和色素，可当作配料用于加工其他食品(果粉饮料、特色面制品的添加物等)，是一种良好的营养深加工产品。④果蔬粉几乎能应用到食品加工的各个领域，可用于提高产品的营养成分，改善产品的色泽和风味等。

二、果蔬粉的应用

果蔬粉主要应用于面食制品、膨化食品、肉制品、固体饮料、乳制品、婴幼儿食品、调味品、糖果制品、焙烤制品及方便面等。

(一)果蔬粉在饮料中的应用

采用果蔬粉制作饮料产品，可保持新鲜果蔬的风味。水果粉经发酵、勾兑、过滤工艺，可制成果酒和果醋。

(二)在食品中的应用

糖果、糕点、饼干、面包等诸多食品均可在生产过程中添加一定比例的果蔬粉，以改善制品的营养结构，同时还能使制品在色、香、味等方面有较大的改善。如将菠菜粉添加到面条中制成的菠菜面，胡萝卜粉添加到面条中制成的胡萝卜面，将番茄粉喷洒到膨化食品表面制成番茄味的膨化小吃食品，在火腿肠等肉制品中添加蔬菜粉制成特色风味的火腿肠，也可将果蔬粉添加到乳制品中，制成风味多样的乳制品。

(三)在特殊食品中的应用

在婴幼儿食品和老年食品中添加各种果蔬粉，可以补充维生素和膳食纤维，帮助特殊人群均衡膳食。

（四）在医药和保健品中的应用

果蔬粉中含有色素、果胶、单宁等成分，某些特定果蔬还含有药用成分，可以通过生化途径从中提取有价值的副产品。

三、果蔬制粉的原料

几乎所有的果蔬原料都可以用于加工果蔬粉，但是，生产中需要根据不同的原料选择合适的制粉方法。含水量高的原料适合先榨汁，再喷雾干燥加工成果蔬粉；含水量较低的原料则适合先干燥，然后进行粉碎加工成果蔬粉。

四、果蔬粉加工工艺

果蔬粉加工的传统方法是将果蔬原料先干燥脱水，再进一步粉碎；或是先将果蔬原料打浆，然后再进行喷雾干燥。传统方法生产的果蔬粉品种少，粉粒大，食用时营养成分不能有效析出和吸收，而且，制粉过程中的高温也破坏了产品的营养成分、色泽和风味。近年来，果蔬粉的加工正朝着低温和超微粉碎的方向发展，以提高果蔬粉的分散性、水溶性、吸附性、亲和性等物理性能，赋予其更加细腻的口感；保留果蔬粉的营养成分，使其更容易消化吸收。

（一）果粉的加工工艺

1. 香蕉粉的加工

（1）原料。香蕉。

（2）工艺流程。原料处理→护色→干燥→粉碎→包装→成品。

（3）操作要点。

1）原料处理。选择充分成熟的香蕉，只有达到食用成熟度的香蕉，其色香味才俱全，褐变程度也会减弱。将香蕉手工剥除果皮。

2）护色。将手工剥皮后的香蕉立即浸入含有 1.0% 抗坏血酸和 0.5% 亚硫酸氢钠的混合溶液中进行护色 15 分，或者切片后浸于该液中进行护色 15 分。

3）干燥。目前，香蕉粉的干燥可以采取两种方法：一是冷干燥工艺；二是热干燥工艺。冷干燥工艺是真空冷冻干燥，热干燥工艺则是采用热能去除香蕉中水分的方法，有热风干燥、喷雾干燥、微波真空干燥等。

冷冻干燥工艺所得到的产品在最大程度上保留了香蕉天然的色泽、香味和活性成分，产品质量佳。但是真空冷冻干燥工艺生产成本高，一次性投入大，生产效率较低,难以实现连续化。一般需要先将物料在 -25℃左右预冻 2~3 小时,然后在 -60~-40℃、高真空(10 帕)条件下干燥 12 小时左右才能降至要求的含水量。而且要求物料的铺料厚度尽可能薄(5 毫米),否则干燥时间更长。因此,有条件的工厂可以采用真空冷冻干燥设备,将香蕉片放在浅盘上,送入冷冻室,在 -28℃下冻结 1 小时,再在低温真空干燥机内(温度为 10~40℃)干燥至含水量小于 3%。

热干燥是将护色后的香蕉片置于 60℃的烘箱中进行热风干燥,将其含水量降至 3%以下。在此温度下干燥时间较长,对香蕉的芳香物质造成的损失较大。也可采用真空带式连续干燥工艺。在真空条件下,将被干燥物料连续地、均匀地铺放在传送带上,然后提供热量,物料呈沸腾发泡状态,内部水分扩散、蒸发,被真空泵抽走,从而得到多孔、高品质的干制品。该工艺具有干燥温度低,时间短(约为真空冷冻干燥的 1/5),一定程度上保护了易氧化及热敏性物料,节能,连续作业,产品品质高等优势。这种干燥机尤其适合高黏性、带有微粒的物料干燥。

4)粉碎。将干燥后的香蕉片转入安装有除湿装置的粉碎机中,粉碎成粉状,再经过粒度分级和细磨,即可制得呈浅黄色的香蕉粉。

5)包装。香蕉粉含水量低,易吸潮,所以包装时应采取抽真空或充氮气密封包装,在贮存或流通过程中需要低温低湿条件。

2. 橘子粉的加工

(1)原料。橘子。

(2)工艺流程。原料选择→去皮→压榨→打浆→干燥→粉碎→包装→成品。

(3)操作要点。

1)原料选择。选择无病虫害的新鲜橘子。

2)去皮。采用碱液去皮机,去除橘子的外表皮。

3)打浆。将去皮后的橘子倒入螺旋式打浆机中进行粉碎,制成浆状物。为了防止原料在打浆过程中褐变,可加入 0.02%的抗坏血酸进行护色。

4)干燥。打浆后的原料在 88~90.6 千帕、80~85℃的真空干燥机中干燥,脱去水分。并在干燥结束时进行 135℃、3~5 秒的瞬时杀菌,以延长产品的货架期。

5)粉碎。干燥后的颗粒物放入粉碎机中粉碎成粉末。

6)包装。可根据不同的定量要求,采用抽真空或充氮气密封包装。

3. 柿子超微粉的加工

（1）原料。柿子。

（2）工艺流程。原料选择→脱涩→清洗→真空冷冻干燥→粗粉碎→细粉碎→超微粉碎→包装→成品。

（3）操作要点。

1）原料选择。选择无病虫害的新鲜柿子。

2）脱涩。采用高温脱涩或者采用二氧化碳法脱涩，并用清水冲洗干净。

3）真空冷冻干燥。将清洗后的柿子放在真空冷冻干燥机里进行冷冻干燥处理，干燥30分。

4）粉碎。干燥后的柿子采用植物万能粉碎机进行粗粉碎，再利用气流粉碎机进行细粉碎。

5）超微粉碎。采用超微粉碎设备对柿子细粉进行超微粉碎，过筛后得到超微柿子粉，要求粉体粒径小于10微米，且粒径分布均匀。

6）包装。可根据不同的定量要求，采用抽真空或充氮气密封包装。

4. 红枣超微粉的加工

（1）原料。干红枣。

（2）工艺流程。原料选择→洗果→预煮→提取→分离→酶解→分离→过滤→杀菌、浓缩→配料→喷雾干燥→包装→成品。

（3）操作要点。

1）原料选择。选择无病虫害、无霉烂的干红枣。

2）洗果。采用清水冲洗枣果表面的泥沙、尘土等杂质。

3）预煮。将清洗后的红枣，放入温度为95℃的热水中预煮，时间控制在3分左右。

4）提取。将预煮后的枣经打浆、细磨后放入提取罐中提取，温度为50℃，分两次提取，每次提取时间为130分。

5）酶解。将提取后的枣浆经分离后进行酶解，酶解时间为2小时，温度为50℃，酶解后进行瞬时灭菌。

6）过滤。酶解后的枣汁经离心机分离，再经过滤膜过滤，得到清枣汁。

7）杀菌、浓缩。采用高温瞬时杀菌，将清枣汁135℃杀菌3~5秒，冷却。采取低温浓缩方法，降低对营养成分的损失。

8）配料。采用高剪切配料罐将浓缩后的枣汁、纯净水和载体充分混合均匀。

9）喷雾干燥。采用电动高速离心喷雾干燥机进行喷雾，避免粘顶、粘壁等现象。

10）包装。可根据不同的定量要求，采用抽真空或充氮气密封包装。

5. 猕猴桃粉的加工

（1）原料。猕猴桃、白砂糖、糊精。

（2）工艺流程。原料选择→清洗→榨汁→过滤→浓缩→配料→造粒→干燥→过筛→包装→成品。

（3）操作要点。

1）原料选择。选择新鲜、饱满、汁多、香味浓郁、充分成熟变软的无病虫害、无霉烂的猕猴桃果实，剔除未熟果、病虫害果、伤烂果和发酵变质的果实。

2）清洗。采用清水冲洗猕猴桃果实表面的茸毛、泥沙、尘土等污物和杂质，再用清水冲洗干净。

3）榨汁。将清洗后的猕猴桃，放入打浆机中打浆，然后用离心式分离取汁，为取得更多的果汁，可加1倍左右的清水把果渣搅匀，再离心分离2~3次，合并果汁。也可采用破碎、压榨法取汁，先用破碎机将猕猴桃果实破碎，然后放入螺旋式压榨机中榨汁。

4）过滤。取汁后的汁液中含有较大的果肉碎块，可将果汁经200目筛网过滤，也可将果汁加热至90℃，保温5分，静置冷却，取其上层清液，再经纱布过滤。

5）浓缩。过滤后的果汁即可进行浓缩，可采用常压浓缩或真空浓缩。常压浓缩是在不锈钢夹层锅中进行，保持蒸汽压力为0.25千帕，并不断进行搅拌，以加快蒸发，防止焦化。由于猕猴桃果汁属于热敏性物质，故浓缩时间越短越好，每锅浓缩时间不超过40分，使可溶性固形物达到60%时即可结束浓缩。真空浓缩是在真空浓缩锅内进行，浓缩时保持锅内真空度为60千帕，蒸汽压力为0.15~0.20兆帕，果汁温度为50~60℃。

6）配料。取干燥的白砂糖用粉碎机将其粉碎成糖粉，然后将浓缩猕猴桃果汁、糖粉、糊精按照2∶10∶1的比例混合均匀，也可添加少量的柠檬酸以改善风味。

7）造粒。配料后的混合料可用造粒机进行造粒，它通过机械振动，使混合料形成圆形或圆柱形颗粒，并以12目筛网筛粉。

8）干燥。将造粒后的湿颗粒平摊于烘盘中，湿颗粒厚度为1.5~2.0厘米，送入烘房中，在65~75℃的条件下进行干燥，干燥时间为2~3小时，中间要进行搅拌，使其受热均匀，也可起到加速干燥的作用。生产中，为更好地保持猕猴桃的营养成分,可采用真空干燥,控制真空度为87~91千帕,温度为55℃,时间为30~40分。

9)包装。干燥后的成品应立即转入装有紫外灯的包装间,待其冷却后迅速包装。为方便冲饮,可选择小塑料袋包装(20克左右)。根据不同的定量要求,采用抽真空或充氮气密封包装。

6. 山楂粉的加工

(1)原料。山楂、白砂糖、糊精。

(2)工艺流程。原料选择→清洗→软化→榨汁、过滤→浓缩→配料→造粒→干燥→过筛→包装→成品。

(3)操作要点。

1)原料选择。选择新鲜、色泽鲜艳、肉质厚实、饱满、汁多、香味浓郁、充分成熟变软、无病虫害、无霉烂的山楂果实,剔除未熟果、病虫害果、机械损伤果、有干疤黑斑的果实。

2)清洗。采用清水冲洗山楂果实表面的泥沙、尘土等污物和杂质,再用清水漂洗干净。

3)软化。将清洗后的山楂,放入温度为80~95℃的温水中进行软化,时间为20~30分,然后转入到65~80℃的温水中浸泡90~120分。

4)榨汁、过滤。将山楂连同软化、浸泡的水一同打浆、取汁。由于山楂汁中含有很多悬浮颗粒,需先将其过滤去除粗大杂质,然后加以澄清处理。澄清可采用自然澄清法和加酶澄清法。

5)浓缩。过滤后的果汁即可进行浓缩,一般以真空浓缩为好,浓缩至可溶性固形物达到60%左右为宜。

6)配料。取干燥的白砂糖用粉碎机将其粉碎成糖粉,然后将浓缩山楂果汁、糖粉、糊精按照2∶10∶1的比例混合均匀,也可添加少量的柠檬酸以改善风味。

7)造粒。配料后的混合料可用造粒机进行造粒,它通过机械振动,使混合料形成圆形或圆柱形颗粒,并以12目筛网筛粉。

8)干燥。将造粒后的湿颗粒平摊于烘盘中,湿颗粒厚度为1.5~2.0厘米,送入烘房中,在65~75℃的条件下进行干燥,干燥时间为2~3小时,中间要进行搅拌,使其受热均匀,也可起到加速干燥的作用。生产中,为更好地保持山楂的营养成分,可采用真空干燥,控制真空度为87~91千帕,温度为55℃,时间为30~40分。

9)包装。干燥后的成品应立即转入装有紫外灯的包装间,待其冷却后迅速包装。为方便冲饮,可选择小塑料袋包装(20 克左右)。根据不同的定量要求,采用抽真空或充氮气密封包装。

7. 无花果粉的加工

(1)原料。无花果、糊精。

(2)工艺流程。原料选择→清洗→压榨、取汁→过滤、澄清→浓缩→喷雾干燥→冷却、包装→成品。

(3)操作要点。

1)原料选择。选择新鲜、肉质厚实、饱满、汁多、香味浓郁、六七成熟、无病虫害、无霉烂的无花果,剔除未熟果、病虫害果、机械损伤果、有干疤黑斑的果实。

2)清洗。采用清水冲洗无花果表面的泥沙、尘土等污物和杂质,再用清水漂洗干净。

3)压榨、取汁。将无花果与纯净水按重量比为 1∶1 的比例,转入不锈钢锅内,加热至 85~90℃,保温 20~30 分,停止加热,浸泡 24 小时,压榨取汁。

4)过滤、澄清。压榨获得的无花果汁含有很多悬浮颗粒,需先将其过滤去除粗大杂质,然后加以澄清处理。澄清可采用自然澄清法和加酶澄清法。

5)浓缩。过滤后的果汁即可进行浓缩,可采用常压浓缩或真空浓缩。常压浓缩是在不锈钢夹层锅中进行,保持蒸汽压力为 0.25 兆帕。浓缩过程中需要不断进行搅拌,以加快水分的蒸发,防止焦化,浓缩至可溶性固形物达到 28% 即可。浓缩时间越短越好,每锅浓缩时间不超过 40 分。真空浓缩是在真空浓缩锅内进行,浓缩时保持锅内真空度为 60 千帕,蒸汽压力为 0.15~0.20 兆帕,果汁温度控制在 50℃左右,浓缩至可溶性固形物达到 30% 左右为宜。

6)喷雾干燥。采用高压喷雾设备对无花果浓缩汁进行喷雾干燥,进料温度为 50~60℃,可添加 0.5% 的干燥助剂糊精粉。控制进风温度 120℃,出风温度为 75~78℃。

7)冷却、包装。干燥后的成品应立即转入装有紫外灯的包装间,待其冷却后迅速包装。为方便冲饮,可选择小塑料袋包装(20 克左右)。根据不同的定量要求,采用抽真空或充氮气密封包装。

(二)蔬菜粉的加工工艺

1. 南瓜粉的加工

(1)原料。南瓜。

(2)工艺流程。原料选择→清洗→去瓤→破碎→加水→榨汁→过滤→滤液＋配料(增稠剂、甜味剂、干燥助剂)→杀菌→浓缩→喷雾干燥→包装→成品。

(3)操作要点。

1)原料选择。选择形状比较平滑、皮较硬、成熟期长、肉质呈橘红色的南瓜。

2)清洗。将南瓜洗净,切去瓜瓤,加入适量的水,放入粉碎机中进行破碎,用螺旋压榨机榨汁。

3)过滤。榨得的南瓜汁采用200目的过滤网过滤,得到均匀一致的汁液。

4)调配。在过滤后的南瓜汁中,加入增稠剂和甜味剂,并添加柠檬酸调节pH到4.0左右。

5)杀菌。将南瓜汁迅速升温至95℃,杀菌处理30秒,然后冷却至60℃贮存。

6)浓缩。采用真空浓缩可减少营养物质的损耗。当真空罐中压力达到86.6千帕时,吸入南瓜汁,并测定其可溶性固形物含量,当可溶性固形物含量达13%~18%时,即可结束浓缩。

7)喷雾干燥。控制喷雾干燥的进风温度为130~140℃,出口温度为70℃,进料浓度控制在18%左右。进料浓度不可太高,否则物料的流动性差,影响雾化效果。为了降低物料的黏度,可适当提高进料的温度。在喷雾塔中,南瓜粉容易粘壁,当温度超过70℃时,粒子之间会发生团聚现象。当进料温度升高时,团聚粒子会软化,直至融溶,黏附于塔壁上。因此,喷雾干燥时应严格控制风温,出风温度不宜超过75℃。

8)包装。南瓜粉含水量低,易吸潮,所以包装时应采取抽真空或充氮气密封包装,在贮存或流通过程中需要低温低湿条件。

2. 胡萝卜超微粉的加工

(1)原料。胡萝卜。

(2)工艺流程。原料选择→清洗→去皮、切片→烘干→粗粉碎→超微粉碎→包装→成品。

(3)操作要点。

1)原料选择。选择色泽橙黄、无病虫害的胡萝卜。

2)清洗。采用清水漂洗胡萝卜表面黏附的泥沙、土壤等杂质。

3)去皮、切片。采用碱液去皮机取出表皮,然后用清水漂洗干净,无碱液残留。采用机械切片机,将胡萝卜切成厚度约2毫米的薄片,备用。

4)烘干。将胡萝卜薄片置于60~65℃的电热鼓风干燥箱内干燥,待含水量降至3%即可结束烘干。

5)粗粉碎。烘干后的胡萝卜片采用植物万能粉碎机进行粗粉碎,过60目筛。

6)超微粉碎。采用超微粉碎设备对得到的胡萝卜粗粉进行超微粉碎,过筛后得到超微胡萝卜粉,要求粉体粒径小于10微米,且粒径分布均匀。

7)包装。可根据不同的定量要求,采用抽真空或充氮气密封包装。

3. 茶树菇超微粉的加工

(1)原料。茶树菇。

(2)工艺流程。原料选择→清洗→切片→漂烫、烘干→粗粉碎→超微粉碎→包装→成品。

(3)操作要点。

1)原料选择。选择刚刚采下的新鲜茶树菇,去掉被病虫侵染和受污染的子实体。

2)清洗。采用清水漂洗茶树菇表面黏附的泥沙、土壤等杂质。

3)切片。采用蘑菇切片机,将茶树菇切成厚度约5毫米的菇片,备用。

4)漂烫、烘干。将切好的茶树菇片放入沸水中漂烫2分,捞出后均匀放在盛物网上,然后送入初始温度为40℃的电热鼓风干燥箱内干燥,每隔1小时升温10℃,待含水量降至9%左右,即可结束烘干。

5)粗粉碎。烘干后的茶树菇片采用植物万能粉碎机进行粗粉碎,过60目筛。

6)超微粉碎。采用超微粉碎设备对得到的茶树菇粗粉进行超微粉碎,过筛后得到超微胡萝卜粉,要求粉体粒径小于10微米,且粒径分布均匀。

7)包装。可根据不同的定量要求,采用抽真空或充氮气密封包装。

4. 番茄粉的加工

(1)原料。番茄。

(2)工艺流程。原料选择→清洗→榨汁→细磨→喷雾干燥→冷却、包装→成品。

(3)操作要点。

1)原料选择。选择新鲜、色泽红润、充分成熟、无腐烂、无病斑的番茄为原料。

2)清洗。采用清水漂洗番茄表面黏附的泥沙、土壤等杂质。

3)榨汁。采用螺旋榨汁机制备番茄浆,为提高出浆率,可添加少量70～

80℃的温水于番茄渣中,重复榨汁2~3次。

4)细磨。将番茄浆转入胶体磨中,连续处理20~30分,磨成细腻、均匀的番茄浆。

5)喷雾干燥。将番茄浆用立式压力喷雾干燥器喷雾干燥,进风温度为170℃,排风温度为80℃,喷嘴孔径为1.2毫米。

6)冷却、包装。喷雾干燥后的番茄粉立即转入包装间,冷却后可根据不同的定量要求,立即采用抽真空或充氮气密封包装。

5. 藕粉的加工

(1)原料。莲藕。

(2)工艺流程。原料选择→清洗→去皮、切片→护色、漂烫→磨浆、胶磨、均质→喷雾干燥→过筛→杀菌→包装→成品。

(3)操作要点。

1)原料选择。挑选无腐烂变质、无病虫害、孔中无严重锈斑、藕节完整、成熟中后期的莲藕。

2)清洗。采用清水漂洗藕表面的泥沙等污物。

3)去皮、切片。采用机械去皮机去除莲藕的表皮,然后采用切片机将莲藕切成厚度为1.0~1.5厘米的薄片。

4)护色、漂烫。将切片后的莲藕片迅速转入由0.2%柠檬酸、0.1%抗坏血酸、0.3%六偏磷酸钠和0.2%明矾组成的复合护色液中浸泡藕片2小时。然后,将藕片捞出,沥干水分,转入100℃沸水中热烫处理处理8分,钝化引起褐变的酶类活性。

5)磨浆、胶磨、均质。将漂烫后的藕片迅速冲洗、冷却,放入胶体磨中进行打浆,细磨,再转入均质机中,进行均质处理。

6)喷雾干燥。采用离心式气流喷雾干燥机对藕浆进行干燥。具体参数如下:藕浆浓度为35%,气流压力为0.25兆帕,离心喷头转速为25 000转/分,进样速率为7.2毫升/秒,进风温度为190℃,出风温度为80℃。

7)冷却、包装。喷雾干燥后的藕粉立即转入包装间,冷却后可根据不同的定量要求,立即采用抽真空密封包装。

6. 苦瓜粉的加工

(1)原料。苦瓜。

(2)工艺流程。原料选择→清洗→切分、去籽去瓤→切片→干燥→粉碎→包装→成品。

（3）操作要点。

1）原料选择。选择果肉厚、直顺、绿白皮、不干缩、无病虫害、无霉烂的新鲜苦瓜。

2）清洗。在流动的清水中洗去苦瓜表面的泥沙、尘埃及农药残留物。

3）切分、去籽去瓤。削去苦瓜两端，剖成两半，去籽、去瓤，切成约0.2厘米厚的薄片。

4）干燥。苦瓜的干燥可以选择热风干燥、真空干燥、冷冻干燥和喷雾干燥四种方法。

◆热风干燥。将切片后的苦瓜片平铺于烘盘中，送入热风干燥设备中，在65℃条件下干制20小时，待含水量降至6%左右时，关闭电源，待温度降至室温后，取出苦瓜片。

◆真空干燥。将切片后的苦瓜片平铺于烘盘中，厚度控制在2~3毫米，送入真空干燥设备中，干燥温度为60℃，干燥15小时，真空度为0.07~0.09兆帕。干制到含水量为5%左右，关闭电源，待温度降至室温后，取出苦瓜片。

◆冷冻干燥。首先是预冷，将温度设在-30℃，在物料温度已达到-30℃以下后，继续保持一段时间（一般1小时），以保证产品中的水分全部冻结。然后进行升华干燥，把预冻后的物料移入冻干机内，抽真空并开始对加热板升温，升华温度为37.8℃，干燥中冻干机真空度控制在9~12千帕、线电压控制在181~193伏、环境温度控制在31~33℃、冷阱温度控制在-92~-84℃，以利于热量的传递和升华的进行。最后，进行解析干燥，解析温度为48.9℃，在该阶段虽然产品内不存在冻结冰，但产品内还存在10%左右的水分，为了使产品达到合格的水分含量，必须对产品进一步地干燥，即解析干燥（二次干燥）。整个冻干苦瓜片过程需12小时。

◆喷雾干燥。将苦瓜清洗后，切成0.5厘米^{3}的瓜丁。采用打浆机将瓜丁打成粗浆，再用胶体磨磨成浆液，送入喷雾干燥机中。保持进风温度为155℃，出风温度为87℃，处理时间为1小时，即可得到含水率约5%的苦瓜粉。

5）包装。制得的苦瓜粉易吸潮，故制成粉冷却后，应迅速进行密封包装。

五、果蔬粉生产设备

粉碎是当代飞速发展的经济社会必不可少的一个工业环节，粉碎的任务是提供具有合适粒径及粒度组成的原料。在果蔬粉加工行业中，各种果蔬粉产品的超细化为人类提供了大量新型纯天然高吸收率的食品原料。果蔬粉可以通过机械粉碎的方法得到,也可以通过打浆、浓缩、喷雾干燥获得。主要是根据果蔬原料的加工特性来选择合适的制粉方法。一般对于含水量高、质地柔软的果蔬原料,如番茄、柑橘等原料较适宜通过打浆、浓缩、喷雾干燥的方法制得相应的果蔬粉;对于含水量中等、质地较硬的果蔬原料,如苹果、胡萝卜等较适宜通过机械粉碎法获得相应的果蔬粉。

(一)机械法制备果蔬粉

1. 粗粉碎机械设备

果蔬粉一般是先进行粗粉碎,再经过超微粉碎,进而获得粒径小且分布均匀的超微果蔬粉。粗粉碎设备一般作为预碎设备,是为下一阶段的粉碎做准备工作。粗粉碎多采用冲击式粉碎机,一般有两种类型,即锤片式和齿爪式粉碎机,均是以锤片或齿爪在高速回转运动时产生的冲击力来粉碎物料的。

(1)锤片式粉碎机。锤片又称锤子或锤刀,属于易损耗材,一般寿命为200～500小时。锤片铰接在与主轴固接的圆盘或三角盘上,圆盘或三角盘由轴套分隔定位。该机主要由进料斗、转子、通过销连接在转子上的锤片、筛片和排料口等组成。按照物料喂入方式不同,可以分为切向喂入式、轴向喂入式和径向喂入式三种,如图5-1所示。前两种粉碎机配用的动力一般较小,生产率低,多为中、小型粉碎机;后一种粉碎机一般配用的动力较大,生产率较高,多为大、中型粉碎机。该设备具有构造简单、用途广泛、易于控制产品粒度、无空转损伤等特点。

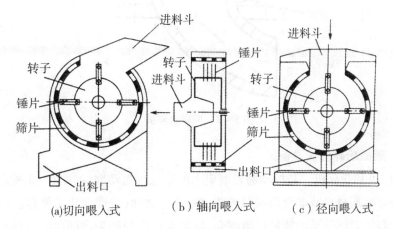

图5-1 锤片式粉碎机的类型

（2）爪式粉碎机。该机的工作程序是动齿盘上的齿在定齿盘的圆形轨迹线间运动，如图5-2所示。当物料由装在机盖中心的入料口轴向喂入时，受到动齿、定齿和筛片的冲击、碰撞、摩擦及挤压作用而被粉碎；同时受到动齿盘高速旋转形成的风压及扁齿与筛网的挤压作用，使符合成品粒度的粉粒体通过筛网排出机外。该设备结构简单、生产效率高、耗能较低，但是通用性差。

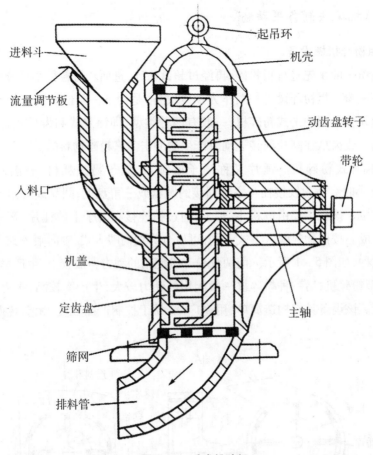

进料斗
流量调节板
入料口
机盖
定齿盘
筛网
排料管

起吊环
机壳
动齿盘转子
带轮
主轴

图5-2　爪式粉碎机

2. 超微粉碎机械设备

（1）贝利粉碎机。是振动磨发展史上的第三代振动磨，如图5-3所示。筒体内装有金属材料或非金属材料的球、棒、段等磨介（研磨介质的简称，下同）及待磨物料。筒体振动的能量传给磨介，使磨介产生与圆振动同向的自转运动和磨介群的公转运动，公转运动的方向一般与圆振动方向相反；同时磨介还产生抛掷运动，使磨介间时而分离，物料得以进入磨介之间，时而聚拢，产生激烈的碰撞。磨介之间的物料在磨介碰撞时受到了两种力的作用,一种是正向压力,一种是切向的剪切力。在这两种力的作用下物料被撕裂破碎。

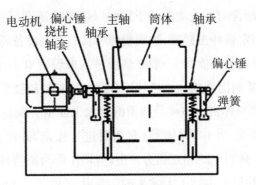

图5-3　贝利粉碎机

(2)球磨机。主要是利用钢球下落的撞击和钢球与球磨机内壁的研磨作用,实现对物料的超微粉碎。当装有圆球的球磨机转动时,由于球磨机内壁与圆球间的摩擦作用,按旋转方向将圆球带动上升,直至上升角超过静止角时,圆球才落下。锥形球磨机如图5-4所示。其主要部件转筒两头呈圆锥形,中间呈圆筒形,转筒由电机驱动的大齿轮带动,做低速旋转运动。转筒内装有许多作为粉碎介质的直径为2.5~15厘米的钢球。在原料入口处装置的球直径最大,沿着物料出口方向,球的直径就逐渐减小,与此相对应,被粉碎物料的颗粒也是从进料口顺着出料口的方向而逐渐由大变小。从入口处投入的物料,随着转筒的旋转而做旋转,由于离心力作用和钢球一起沿内壁面上升,当上升到一定高度时便同时下落。这样,物料由于受到许多钢球的撞击以及钢球与内壁面所产生的摩擦作用而被粉碎,粉碎后的制品逐渐向出口排出。

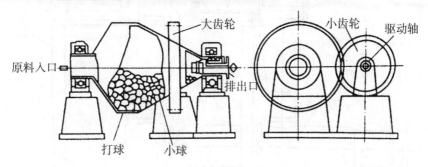

图5-4　锥形球磨机

(3)气流粉碎机。是以高速气流(300~500米/秒)或过热蒸汽(300~

400℃)为动力和载体,使物料颗粒在高速运动中相互碰撞、摩擦和剪切而使物料粉碎。该设备与传统的机械式粉碎机原理不同,它是利用高压气体通过喷嘴产生的高速气流所蕴含的巨大动能赋予颗粒以极高的速度,使物料颗粒发生互相冲击碰撞,或与固定板冲击碰撞,达到粉碎的目的。该设备要求被处理的物料不能含水,气流中湿度也不能高,一般在气流进入前设置有去湿装置,因此比机械方式粉碎的能耗要高出数倍。该机较适合脆性物料的超微粉碎。

(4)机械冲击式粉碎机。该机是利用围绕水平或垂直轴高速旋转的回转转子上的冲击元件(锤头、叶片、棒体等)对物料进行撞击,并使其在定子与转子间、物料颗粒间产生高频率的相互强力冲击、剪切作用而使物料粉碎的设备。粉碎成品的颗粒细度和形态由转子上锤头的运动状态和定子间间隙来决定,低速冲击可得细长的颗粒,高速冲击则易得物料结晶状态相同的颗粒。该设备较适合中等硬度物料的粉碎。

(二)喷雾干燥法制备果蔬粉

1. 布赫(Bucher)破碎机

主要用于果汁生产线上破碎果品,由三叶旋浆破碎器、螺旋输料器、鼠笼筛筒、传动装置等组成(图5-5)。

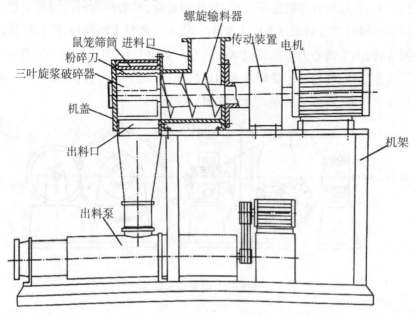

图5-5 布赫(Bucher)破碎机

水果由前道工序经输送系统送入破碎机入口,有螺旋输料器将料推向破碎腔,在破碎腔内由于三叶破碎器的旋转作用产生的切向分力将物料抛向定子筛筒内壁。由于叶片与鼠笼筛筒内安装的破碎刀的相对运动而产生的撞击及切割作用将物料破碎至所需尺寸。小于筛筒槽孔的物料通过其孔,大于槽孔的物料继续破碎。该破碎机对水果的破碎效果较好,可获得较优的榨汁浆料。其结构坚固,主要构件全由不锈钢制造。

2. 压榨机

(1)螺旋压榨机。主要用于葡萄、柑橘、番茄、苹果、梨等果蔬的压榨取汁。该机主要由螺杆、压力调整装置、料斗、圆筒筛、离合器、传动装置、汁液收集器及机架组成(图5-6)。工作时,物料由料斗进入挤压室,在螺杆的挤压下榨出汁液,汁液经圆筒筛的筛孔中流入收集器,汁液通过螺杆锥部与筛筒之间形成的环形空隙排出。

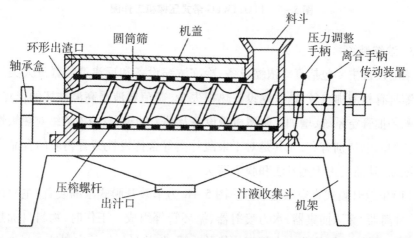

图5-6　螺旋压榨机

(2)带式榨汁机。该机主要由喂料盒、压榨网带、压辊、高压冲洗喷嘴、导向辊、汁液收集槽、机架和传动部分等组成(图5-7)。带式榨汁机的宽度一般为60~80厘米,相应的处理果蔬量为5~15吨/小时,出汁率在70%以上。工作时,将待压榨物料从物料盒中连续均匀送入下压网带和上压网带之间,被两网带夹着向前移动,在下弯的楔形区域,大量的汁液被缓慢压出并形成可压榨的料饼。当进入压榨区后,由于网带的张力和带L形压条的压辊的作用将汁液进一步压出,汇集于汁液收集槽中。由于10个压辊的直径递减,使两网带间的滤饼所受的表面压力与剪力递增,可获得更好的榨汁效果。该机在末端部分还设有两个增压辊,以增加正向压力。榨汁后的榨渣由耐磨塑料果渣刮板从右端出渣口排出。该设备还设置有清洗系统,如果滤带孔隙被堵塞时,可启动清洗系统,利用高压冲洗喷嘴洗掉粘在滤带上的糖和果胶凝结物。

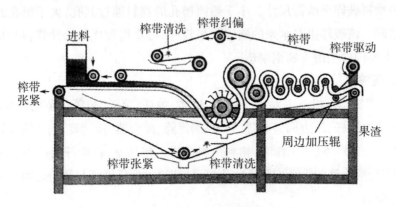

图 5-7 FLOTTWEG 带式压榨机工作图

3. 浓缩装置

浓缩设备主要包括真空浓缩设备、冷冻浓缩设备和反渗透装置三大类。真空浓缩具有料液沸点较低、浓缩设备热损失少、避免料液受高温破坏的优点,但是须配备抽真空系统,增加了附属机械设备及动力的投资;冷冻浓缩对热敏性食品原料的浓缩特别有利,尤其是对于果蔬汁类等含挥发性芳香物质的食品采用冷冻浓缩,其品质优于蒸发法和膜浓缩法。

(1)单效升膜式真空浓缩装置。图 5-8 为单效升膜式浓缩装置,主要由加热器、分离器、雾沫捕集器、水力喷射器、循环管等组成。工作时,物料自加热器的底部进入管内,加热蒸汽在管间传热及冷凝,将热量传给管内料液。料液被加热沸腾,便迅速汽化,所产生的二次蒸汽及料液,在管内高速上升。在常压下,管的出口处二次蒸汽速度一般为每秒 20~50 米,在减压真空状态下,可达每秒 100~160 米,浓液被高速上升的二次蒸汽所带动,沿管内壁成膜状上升,不断被加热蒸发。这样料液从加热器底部至管子顶部出口处,逐渐被浓缩,浓缩液以较高速度沿切线方向进入蒸发分离室,在离心力作用下与二次蒸汽分离。二次蒸汽从分离室顶部排出,未达到浓度的浓缩液通过循环管,再进入加热器体底部,继续浓缩,另一部分达到浓度的浓缩液,可从分离室底部排出。二次蒸汽夹带的料液液滴从分离器顶部进入雾沫捕集器进一步分离后,二次蒸汽导入水力喷射器冷凝。

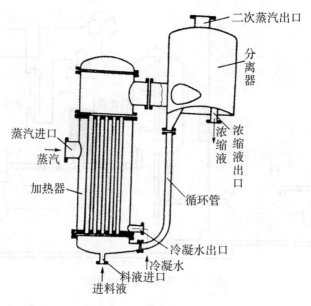

图 5 - 8 升膜式浓缩设备

(2)单级冷冻浓缩装置系统。冷冻浓缩装置主要由结晶设备和分离设备两部分组成。图 5 - 9 为采用洗涤塔分离的单级冷冻浓缩装置系统,主要由刮板式结晶器、混合罐、洗涤塔、融冰装置、贮罐和泵等组成。工作时,料液由泵进入旋转刮板式结晶器,冷却至冰晶出现并达到要求后进入带搅拌器的混合罐,在混合罐中,冰晶可继续成长,然后大部分浓缩液作为成品从成品罐中排出,部分与来自贮罐的料液混合后再进入旋转刮板式结晶器进行再循环,混合的目的是使进入结晶器的料液浓度均匀一致。从混合罐中出来的冰晶夹带部分浓缩液,经洗涤塔洗涤,洗后的具有一定浓度的洗液进入贮罐,与原料液混合后再进入结晶器,如此反复循环。

4. 喷雾干燥设备

浓缩后的果蔬浆液采用喷雾干燥即可制得相应的果蔬粉。典型的喷雾干燥设备有"MD"型压力喷雾干燥机和尼罗式离心喷雾干燥设备。

(1)"MD"型压力喷雾干燥机。由进料系统、加热系统、冷却系统、细粉回收系统和干燥塔等组成,如图 5 - 10 所示。料液由储料槽经高压泵输送至喷嘴进行雾化,风机和加热器使空气升温到 150 ~ 160℃,然后经分配室在喷嘴附近成柱状进入干燥塔内与雾化的微粒热交换而实现干燥,干燥的粉粒落入锥形分离室中。在冷却器的作用下,鼓风机将冷空气沿干燥塔内壁吹入,在塔内壁形成柱

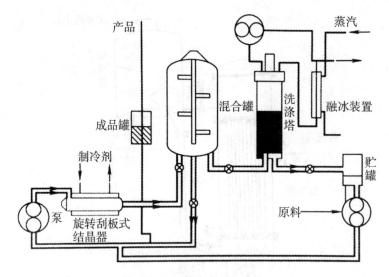

图 5-9　单级冷冻浓缩设备

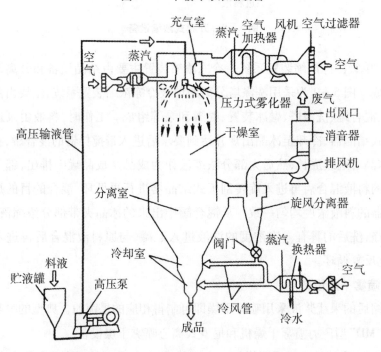

图 5-10　"MD"型喷雾干燥机

状冷风幕,使干燥后的物料在下降时与塔内壁接触的机会减少。在干燥塔的下部有粉末和废气分离器,在干燥塔内瞬时干燥的粉末,经过圆锥形分离室,使大部分粉粒因重力分离落入逆流式两段冷却。被废气带走的细粉由旋风分离器回收,用气流输送到第一冷却段与主成品混合冷却,也可重回入塔内使细粉与喷雾液滴接触,增大分离的粒径,或将细粉回入原液进行重新喷雾干燥。

(2)尼罗式离心喷雾干燥设备。如图5-11所示,该设备工作时,储槽中的浓缩液经五通阀双联过滤器,将杂质过滤掉,经螺杆泵泵入喷雾塔顶的离心机中,借离心机的高速旋转,将物料喷成雾状与送过来的热风进行充分的热交换蒸发其水分,干燥后的物料落入塔底的椎体部分,在激振器的振动下将干燥后的物料输送到冷却沸腾床上,干粉在偏心振动筛的振动下沸腾干燥和冷却,同时破碎粉块,最后经振动装置将干粉输送到出粉箱。

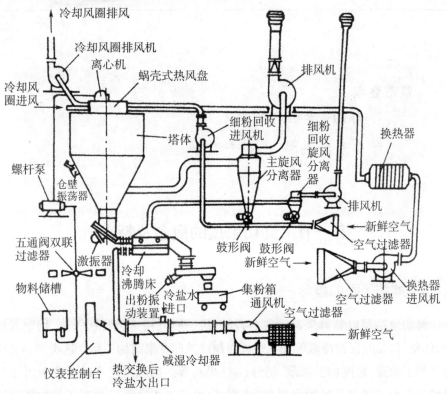

图5-11 尼罗式离心喷雾干燥设备

第六章
果蔬鲜切概述

章节要点

1. 鲜切果蔬的基础知识。
2. 鲜切果蔬加工的发展状况。

第一节　鲜切果蔬的概念及特点

一、鲜切果蔬的概念

鲜切果蔬是以新鲜果蔬为原料,经分级、整理、挑选、清洗、去皮、切割或切分、休整、包装并保持冷藏等加工过程而制成的即食果蔬加工品。这类产品又称为半加工果蔬、轻度加工果蔬、切分(割)果蔬等。国际鲜切产品协会对鲜切产品的定义为:"任何品种的水果和/或蔬菜,加工工艺过程只改变了其物理的原始形态,但仍然保持其新鲜状态的果蔬产品。"

鲜切果蔬属于净菜范畴,但比普通净菜具有更高的科技含量,它是集蔬菜和水果保鲜、加工技术于一体的综合性技术工程。这类产品营养、方便且风味良好,消费者购买后,可直接食用或烹饪,不需做进一步处理。因此,鲜切果蔬具有即食和即用的方便特性,广泛应用于快餐业、宾馆酒店、单位食堂、冰淇淋(果肉雪糕)、果肉酸奶等的加工中。

二、鲜切果蔬的特点

鲜切果蔬因其新鲜、健康、卫生、方便等特点,已成为果蔬加工业中增长最快的零售食品之一。然而,另一方面,相对于完整的新鲜果蔬,鲜切果蔬的切割处理,使得其更易发生生理衰老、营养损失、组织变色、质地软化、木质化、微生物侵染等问题。因此,鲜切果蔬的品质很难保持,货架期短就成为限制鲜切果蔬发展的瓶颈。为此,在鲜切果蔬生产过程中的各个环节都必须严格控制质量。随着人们生活水平的提高,生活节奏的加快,消费者选购水果蔬菜时越来越强调新鲜、营养、方便等特性。鲜切果蔬正是由于具有这些特点而日益受到消费者的青睐和农产品加工企业的重视。

(一)营养价值高

鲜切果蔬只是对果蔬原料进行简单的清洗、去皮、去籽、切分等工序,可谓是所有果蔬加工品中对营养成分的破坏程度最小的一种加工方式。因此,鲜切果蔬又称为最少加工产品,具有和鲜果几乎相当的营养价值。它既保持了果蔬原有的新鲜状态,又方便了消费者的食用和加工。

(二)品质劣变快

1. 生理生化反应

新鲜果蔬经过整理、清洗、去皮和切分等处理后,组织产生机械损伤,细胞的完整性及酶与底物的区域化结构被破坏,酶与底物直接接触,加之机械损伤产生的伤信号在很短的时间内(如几秒)迅速传递给邻近细胞,从而诱导果蔬组织伤乙烯的大量产生和发生错综复杂的生理生化反应,并扩散、影响远离伤害部位的细胞。多酚氧化酶催化酚类物质氧化反应,脂肪氧化酶催化膜脂反应,脂氧合酶催化脂肪酸的氧化分解、果胶酶催化果胶物质的降解、纤维素酶催化细胞壁的分解反应等,导致组织的褐变、软化,细胞膜的破坏,细胞壁的降解及异味的产生。

切割处理对鲜切果蔬的呼吸造成了很多的影响。伤乙烯的大量产生促进了与果蔬成熟相关的酶的生物合成,增强了呼吸作用,加剧了生理代谢和次生代谢产物的产生,使鲜切果蔬组织快速衰老与腐败。以花菜为试材进行的实验表明,切分 0.5 小时后呼吸速率从切分前的 165 毫克二氧化碳/(千克·时)增加到 202 毫克二氧化碳/(千克·时)(15℃),且随时间延长,呼吸速率不断增加。甘蓝未分时呼吸速率为 23 毫克二氧化碳/(千克·时),切分后即增加到 38 毫克二氧化碳/(千克·时)(1/4 切分)。呼吸速率还明显受切分大小的影响,3 厘米、1.5 厘米、0.7 厘米和 0.3 厘米切分大小的甘蓝呼吸速率分别上升到 51 毫克二氧化碳/(千克·时)、125 毫克二氧化碳/(千克·时)、133 毫克二氧化碳/(千克·时)和 194 毫克二氧化碳/(千克·时)。

2. 营养成分损失

鲜切果蔬在加工与贮藏过程中,一方面,机械损伤和伤口破坏了果蔬组织细胞的完整性,直接导致营养物质流出损失,尤其是水溶性和易氧化的成分;另一方面,呼吸速率提高,代谢加快,使得鲜切果蔬产品的物质消耗增多,加快了营养物质的损失。马铃薯因去皮维生素 C 损失可达 35%,甘蓝切分后置水中 1 小时维生素 C 损失 7%。此外,贮藏过程中的一些不利环境条件,如不适宜的温度、光照、空气中的氧气及组织自身的代谢作用均会导致鲜切果蔬营养成分的损失。

3. 微生物侵染

新鲜果蔬由于切分造成组织结构损伤,原有的保护系统被破坏,导致果蔬汁液外溢,容易发生腐败变质现象,这与微生物的侵染有密不可分的关系。切分后,创面的机械损伤是微生物的繁殖和生长十分合适的温床。较大的切分表面积不仅给微生物的侵染带来了方便,而且也为微生物侵染后的生长和繁殖提供了充足的水分和营养等条件,因而鲜切果蔬产品极易受到外界微生物的污染。

在鲜切果蔬中,常见的致病菌有大肠杆菌、李斯特菌、沙门菌等。真菌和细菌是引起鲜切果蔬腐败的主要因素。其中引起腐败的真菌有灰霉、青霉、曲霉和交链胞菌等,细菌则以欧文菌、假单胞菌、黄单胞菌等为主。目前,除了主要用于杀菌的物质为含氯、次氯酸或二氧化氯的水溶液之外,也有复合杀菌剂被应用于鲜切果蔬的加工中。有研究者将乳酸链球菌(50 毫克/毫升)与乳酸钠(2%)复配及乳酸钠(2%)与乙二胺四乙酸(EDTA)(0.02 毫克/升)复配使用到鲜切西瓜中,沙门菌生长得到抑制。有报道指出,使用乙醇蒸气处理鲜切茄子,使茄子代谢活性降低,减少了微生物的污染,保持新鲜茄子的品质。现在的研究也表明,种植地灌溉水质量将影响鲜切果蔬的携菌数和褐变速度。

花菜按食用大小(2 厘米)切分并包装于塑料保鲜袋中,20℃下贮藏 4 天微生物达到了 3.42×10^8 cfu/克。甘蓝置于 10℃下贮藏 1 周后,微生物从 10^4 cfu/克上升到 10^8 cfu/克,增加了 4 个数量级。鲜切果蔬表面的微生物数量通常在 $10^3 \sim 10^6$ cfu/克,目前已分离和鉴定的微生物主要有假单胞菌、欧文枯草杆菌、产黄菌属、黄单胞菌属、肠杆菌属、乳酸菌等,也有一定量的酵母菌和霉菌。在蔬菜中,假单胞菌一般占到 50% ~90%。Tournas 分析了华盛顿地区的 39 种鲜切果蔬、29种完整新鲜蔬菜和116种芽菜中的微生物,发现酵母菌为主要微生物菌群,其总数为$(4.0 \sim 100) \times 10^8$ cfu/克,霉菌总数为$(4.0 \sim 100) \times 10^4$ cfu/克。鲜切果蔬中常见霉菌为梭孢菌属、链格孢霉菌属和青霉菌。

4. 质地软化

很多鲜切果蔬在切割时,质地较坚硬,口感脆爽,但是在贮藏一段时间后,往往会出现质地软化,口感绵软的感觉。鲜切果蔬的软化主要表现为硬度下降、质地变软、极易腐烂,严重影响鲜切产品的风味,同时也缩减其货架期。相关研究表明,鲜切果蔬的质地软化主要是由伤害胁迫诱导果胶酶活性上升,而使果胶物质加速降解和细胞壁分解酶使细胞壁解体所引起的,起主要作用的酶主要有多聚半乳糖醛酸酶(PG)、果胶甲酯酶(PE)、β - 半乳糖苷酶(β - Gal)、纤维素酶(Cx)、脂氧合酶(LOX)等。因此,鲜切果蔬在贮藏前采取硬化处理是很有必要的。

为了防止或减轻鲜切果实贮藏过程中软化的发生,生产中常采用钙离子溶液来浸泡鲜切果蔬片或果蔬块,可以增加其硬度和延长货架期。大量研究证明,采用可食性涂膜、低温贮藏、自发气调包装(MAP)等处理可使酶活性、呼吸速率等得到有效控制,进而可延缓或抑制鲜切果实软化的发生。由于鲜切果蔬具有旺盛生命代谢活动,因此适宜低温贮藏,可以有效地降低组织的新陈代谢速率,抑制相关酶的活性。也有研究发现可食性涂膜剂中添加1%的氯化钙可以增加鲜切苹果的硬度,显著防止鲜切苹果的软化变质。

三、鲜切果蔬保鲜加工的意义

长期以来,我国大部分的果品蔬菜不采用和较少采用采后处理措施,往往以原始状态直接进入流通领域,虽然果蔬的产量不断增加,但在流通过程中损失十分严重,有近1/3的蔬菜在消费前就损失了。这种不经任何采后处理的蔬菜消费模式既给人们的生活带来不便,甚至危害消费者的生命安全,又给城市环境带来极大的污染。随着我国经济持续稳定发展,人们生活质量的不断改善,关于鲜切果蔬产品理论的普及,科技水平技术的突破及关键问题的解决,以及相关设备的开发和引进,凭借鲜切果蔬新鲜、洁净、方便等优势,在我国大中型城市必将得到快速发展,成为果蔬采后新的发展方向和增值的新领域。因此,在我国积极提倡并推行鲜切果蔬上市流通具有非常重要的意义。

(一)加工鲜切果蔬可以减少果蔬的采后损失

我国目前的果蔬产业现状是产量大,但产后加工流通领域处理技术与设备水平依然比较落后,果蔬商品性状不能适应国际市场的要求,市场竞争力差,采后损失严重。积极提倡并推行鲜切果蔬上市流通,将大幅度提高果蔬产品的档次和附加值,推动果蔬加工业朝着规范化、现代化的方向发展。

(二)减少城市垃圾污染

据相关报道指出,目前我国城市生活垃圾中果蔬残余物占1/3,因此提倡鲜切果蔬上市流通,既可以减少城市生活垃圾,又有利于果蔬废弃物的综合利用,大大降低城市垃圾处理费用。同时,这样还可以节约水资源,这对严重缺水的地区来说,意义和影响是非同寻常的。

(三)提高果蔬的食用安全性

目前,我国市场上销售的果蔬都存在不同程度的农药残留污染的问题,这是由我国的基本国情决定的。我国的国情决定了目前果蔬生产不可能完全按照有机食品或绿色食品的标准进行,因此,在果蔬生产中使用化肥、农药的现状在短期内是不可避免的。而鲜切果蔬作为一种消费者直接食用的产品,最好采用无公害果蔬产品来加工。这就对现有的果蔬种植者提出了较高的要求,随着人们生活水平的提高,生产无公害果蔬的企业会越来越多,这将是未来农业和农产品加工的发展方向。这在无形之中确保了消费者的食用安全性。

(四)创造就业机会

鲜切果蔬生产企业属于劳动密集型行业,从生产加工到配送的每道环节,大部分需要手工操作,适合安排大量员工,这对减轻就业压力起到一定的积极作用。

(五)利于发展综合果蔬加工业

鲜切果蔬的原料产地往往集中在农村地区,这里原料种类丰富,劳动力充足,利于鲜切加工企业的发展。同时,对采用鲜切果蔬的加工废弃料的研究和加工企业来说,也是较好的选址地点,方便进行废弃料的加工和综合利用。

第二节 国内外鲜切果蔬产业发展现状

我国大部分果品蔬菜的销售,都是在其采后不经任何处理,基本上是以原始状态直接进入果蔬的流通市场的。虽然果蔬的年产量不断增加，但是在果蔬的销售流通过程中损失非常严重。长期以来，很多果蔬产品在消费之前就损失了近1/3。在鲜切果蔬的研究与发展方面，我国起步较晚，其发展可分为两个阶段。第一阶段是20世纪80年代的"免摘菜"，即农民把田间收获的蔬菜经摘去不可食部分，就近在池塘、河沟等中冲洗干净后，不经切分就上市出售；第二阶段是20世纪90年代的"免淘（切）菜"，即成立专门的部门和工厂，把蔬菜从产地集中起来，经挑选、去皮、清洗、切分、简单包装等处理后上市出售，这种粗加工产品就是鲜切果蔬的雏形。

综合采后果蔬产业的发展，可以将其划分为四代：即新鲜的未加工的水果和蔬菜为第一代，食品罐藏为第二代，冷冻保存为第三代，鲜切果蔬为第四代。第一代果蔬就是采后未经任何加工处理手段，直接进入流通领域的果蔬产品；第二代果蔬是将果蔬产品经过去皮、切分等简单的操作，贮藏于一种保鲜液中，如罐藏的青豌豆、甜玉米粒、蘑菇片等产品，消费者购买后，只需经过冲洗即可进行后续的加工和制作；第三代果蔬是采用冷冻技术对果蔬进行速冻，然后在冷冻条件下进行冷链运输，消费者购买后，需进行解冻处理方可加工和制作；第四代鲜切果蔬是对果蔬进行简单的切分处理，采用托盘覆膜包装或活性包装的形式，在购买后，可以直接使用的果蔬产品，它作为一种顺应时代发展需要而诞生的轻加工食品，近年来，随着社会发展和人们对健康果蔬的消费需求，越来越受到国内外市场的青睐。

一、国内鲜切果蔬产业的发展现状

我国对鲜切果蔬的研发还处于起步发展阶段，规模比较小，自20世纪90年代以来才在我国的大中型城市的超市中出现鲜切果蔬，全国仅北京、大连、上海、杭州等几家单位在进行系统研究。经过二十多年的发展，人们生活水平的提高和生活节奏的加快，食品安全意识的不断增强，全国各地生鲜食品配送中心的建立以及跨国零售集团的进驻和冷链系统的完善，为鲜切果蔬的快速发展提供了有利条件。

近年来，大中型城市如北京、上海、杭州、福建等将鲜切果蔬列入科技发展计划和当地政府"农改超"的重要目标，从而有力地促进了我国鲜切果蔬的发展。目前，全国各地开展鲜切果蔬研究的科研院所达数十家之多，研究中也获得了具有自主知识产权的鲜切果蔬生产技术，并制定了相关标准；生产中涉及鲜切果蔬产品开发和实践的企业众多，建立了一些具有国际先进水平、专业化从事鲜切果蔬的生产企业,并投入运行;鲜切果蔬产品有了一定的质量,商业运营中,具有冷链设施的商店尤其是连锁店、食品超市有了鲜切果蔬产品的销售。

目前,我国工业化生产的鲜切果蔬品种主要有胡萝卜、生菜、甘蓝、韭菜、芹菜、马铃薯、苹果、梨、桃、草莓、菠萝等。但是,鲜切果蔬只有 4~7 天货架期,这就决定了其只能就近迅速销售。同时,在偏远的农村和中小型城市,因无市场或市场太小不适宜发展鲜切果蔬,而在人口高度密集的北京、上海、广州等大型城市,不仅市场空间很大,而且交通方便,是生产、消费鲜切果蔬的理想基地。

我国鲜切果蔬的质量标准刚刚出台,对生产中各环节的加工工艺和工艺参数还有必要深入研究。而且,鲜切果蔬作为一种生鲜食品,其加工、贮藏、运输及销售中易受微生物污染,造成其货架期大大缩短。因此,如何更好地保证产品的安全性,目前仍是一个挑战,仍然有许多理论和技术问题需要完善、改进和解决。

二、国外鲜切果蔬产业的发展现状

鲜切果蔬起源于 20 世纪 50 年代的美国,开始是以马铃薯为主要的鲜切原料。60 年代初出现了商品化生产的鲜切果蔬产品,开始供应餐饮业。80 年代后,在加拿大、欧洲和日本等国家也相继得到了迅速发展,品种也不断增多,已成为果蔬产业化发展的新的领域和方向。从 90 年代起,在欧洲特别是法国和英国,切割果蔬市场迅速增大。据统计,美国鲜切果蔬的销售额从 1996 年的 70 亿美元上升到 1999 年的 100 亿美元,2003 年达到 200 亿美元。在日本,鲜切果蔬的销售额从 1996 年的 1 000 亿日元增加到 1999 年的 1 300 亿日元,2003 年达到 2 000 亿日元。在英国、法国等欧洲国家,对鲜切果蔬的需求量和种类也在日益增加。近几年,在美国出现了鲜切果蔬商联合体、鲜切果蔬销售商联合体(零售连锁店)和鲜切果蔬供应商联合体等机构或公司,鲜切果蔬加工、贮藏保鲜盒流通销售日趋成熟。目前,鲜切果蔬在发达国家的生产已形成了完备的"五化体系",表现为技术规范化、产品标准化、设备专业化、市场网络化和管理现代化的格局。

鲜切果蔬加工业遍布了整个北欧,一项关于鲜切果蔬产业发展的调查结果显示,欧洲具有从事鲜切果蔬加工的企业达到 150 多家,而一些瓶装气体公司和膜生产商也提供出新的混合气体和薄膜来优化鲜切果蔬的气调包装。据国际鲜切产品协会估计,2000 年美国鲜切产品销售额已达到 100 亿美元,并以年均 10%~15% 的速度增加。新鲜、方便的鲜切果蔬制品在日本也已经深入到人们的日常饮食生活中。荷兰鲜切果蔬的品种多达近百种,市场零售额也迅速超过

10%。目前,鲜切果蔬的原料有苹果、梨、猕猴桃、甜瓜、菠萝、桃、油桃等。

目前,在发达国家,鲜切果蔬完全可以通过更加成熟的保鲜技术和科学管理,达到保持鲜切果蔬的新鲜品质和安全的目的。而且,加工、流通冷藏链和家用冰箱的普及,从加工处理到餐桌的适宜低温保持已不是问题,重要的是生产者和经营者向消费者提供良好的食用经验将成为该项产业发展的关键。

第三节　鲜切果蔬市场发展的趋势

鲜切果蔬不但符合消费者对新鲜、自然、方便、卫生及健康的食品的需要,而且满足食品快餐业及团体餐饮业等其他行业的需求,其未来发展前景十分广阔。进入 21 世纪,追求更加健康的饮食已成为当今全球的消费趋势,因此,具有高营养价值并且不含添加剂的鲜切产品需求量不断上升。鲜切果蔬作为一种营养、方便的果蔬加工品,不仅可以提升果蔬产品的档次和附加值,推动果蔬加工业朝着规范化、现代化的方向发展,而且可以创造更多的就业机会。

随着人类社会的进步和生活水平的提高,消费者对食品的方便性、营养性、安全性等提出了更高的要求,保健意识也显著增强。罐藏、速冻、干制、腌制等传统的加工食品由于缺乏新鲜度而日益受到冷落,相反,具有营养、方便、卫生及自然等特性的鲜切果蔬却逐渐受到人们的青睐。鲜切果蔬正是由于可以满足消费者对自然、新鲜、方便、安全及健康的食品的需要而得以快速发展。

目前,根据鲜切果蔬的加工特性及保鲜技术的发展,鲜切果蔬的市场发展将主要围绕以下几个方面展开。

一、开发更多的鲜切果蔬加工品种

目前,鲜切果蔬的种类逐渐增多,从最先发展的鲜切马铃薯、生菜等鲜切蔬菜,发展到现在的鲜切苹果、菠萝、猕猴桃等果品。鲜切果蔬的原料加工种类日益增多,常见的有鲜切洋葱、莲藕、南瓜、胡萝卜、芦笋、花椰菜、芹菜、青椒、红椒、芒果、哈密瓜、甜瓜、木瓜等,这对鲜切果蔬行业来说是极好的发展信号,表明了消费市场对这种果蔬产品接受度和喜爱度都有所增加。因此,开发出更多更好品质的鲜切产品无疑是将来市场的发展方向。

二、发展鲜切果蔬产地的加工技术

对于农产品,特别是鲜活农产品,远距离运输极易造成产品的腐烂变质和较大的损耗,因此农产品产地初加工是保障我国粮食安全和食品安全的重要环节。实现农产品产地初加工,一是能避免远距离运输造成的不必要损失,同时还可以大大减轻原本就紧张的运输压力;二是能有效解决农产品买难卖难的问题,稳定和提高农民种植、养殖的积极性,既使企业有了稳定的原料来源,又保证了农民有稳定的销售渠道和收入,从而有效地保护农民利益;三是能大量吸收当地农村富余劳动力就近就地就业,有效地增加农民收入,同时还可以提高农民素质,减少远距离异地打工的离乡之苦,促进社会的和谐与稳定;四是能有效延长当地的农业产业链,把产品优势变为产业优势和经济优势,从而调整和改善当地的经济结构和产业结构,促进区域间经济的协调发展,缩小经济发达地区与落后地区的差别,防止加工企业过分集中在沿海发达地区而造成的环境压力和资源的浪费。因此,能否做到大宗农产品产地初加工产业化,是中国农产品加工业能否健康持久发展的关键。

鲜切果蔬产品产地加工与贮藏是鲜切果蔬生产链条中的关键环节,是保障果蔬产品品质及丰产丰收的重要途径,是实现农业现代化战略任务的重要内容。果蔬产品大都集中在农村地区或偏远的山区地带,而且,果蔬采收后,含水量较高,若不及时加工处理,很容易腐烂变质,严重影响果蔬质量及经济效益。根据就近加工的原则,尽量在原料产地进行鲜切加工和保鲜,以此来降低加工成本,同时也利于解决农村大量的劳动力。

果蔬产品经过产地加工,可以达到去除非食用部位以方便后续加工、终止其生理活动等目的,同时适宜的产地加工方法,可以使果蔬的营养成分得到最大保留,也可以减少果蔬损失,提高果蔬加工质量,同时减轻城市垃圾来源的效果。但是,现阶段我国的果蔬原料产地进行加工的企业并不多,相关技术也不成熟,这与我国的农业发展的现状是有关系的。当前,中国农业正处于关键性发展转型期,需要农业各生产要素的协调发展与技术支持。现代农业生产的核心目的是获取高产优质的农产品,农产品加工业已经成为中国对"三农"带动最大的支柱产业。而同时农产品产地加工与贮藏滞后所带来的产业链关键环节发展不均衡的矛盾和问题也日益突出。长期以来,中国是农产品生产的超级大国而远不是生产强国,中国农产品多以初级原料或半成品原料形态进入市场,大量产地农产品不能及时有效地进行处理、贮藏和流通,造成了严重污染和浪费,大幅度降低了农产品质量和市场价值,导致增产不增收、增收不增值。因而,发展农产品产地加工与贮藏工程技术不仅是现代农业工程技术的重要组成部分,更是现代农业发展中亟待解决的瓶颈问题。

三、开展延长鲜切果蔬保鲜期的安全控制技术

目前,针对鲜切果蔬贮藏品质和货架期的研究方兴未艾,但是仍未获得突破性的进展。由于鲜切果蔬遭受机械损伤后,具有较高的呼吸强度等新陈代谢作用,极易腐烂变质,严重影响其品质,因此,开展延长鲜切果蔬货架期的各种新型安全控制技术尤为重要。

(一)研发合适的鲜切果蔬包装

高质量的包装是维持鲜切果蔬良好品质的关键因素,也是发展鲜切果蔬需要重点解决的难题。因此,鲜切果蔬包装未来的发展趋势体现在下述几个方面:一是研发创新的果蔬包装,以便能进一步延长产品货架寿命、确保产品质量安全、增加产品方便性及商品价值。复合包装较其他包装材料更具有灵活多变性,可根据不同鲜切果蔬的生理特性,适当调节其组分,从而研发具有更好防腐保鲜效果的果蔬包装材料。二是将不同的保鲜方法联合起来使用,如紫外线杀菌技术与高氧气调包装结合使用的保鲜效果也是十分显著的。三是注重环保包装材料的使用,用量小、可回收、可重复使用的环保包装正受到全世界尤其是欧盟的高度重视,具有极佳的经济效益及社会效益。另外,可降解的新型生物杀菌包装材料由于具有绿色、杀菌、环保、安全等特性,在今后的鲜切果蔬等新鲜食品包装中将得到广泛的开发与利用,国内外市场前景广阔。

(二)开发控制鲜切果蔬微生物污染的冷杀菌技术

微生物污染直接关乎人们的生命安全,因此应放到首位加以重视。在北美和欧洲曾多次暴发因沙门菌、大肠杆菌等引起的致病或中毒事件,严重地危害到人们的身体健康与生命。因此,微生物污染是鲜切果蔬加工流通中的一大障碍。控制微生物滋生是保证产品品质的一个重要方面,这就要求鲜切果蔬在加工、贮藏过程中,应严格控制微生物数量与种类,以确保产品在适宜货架期内的安全性。

微生物对鲜切果蔬产品的侵染大致可分为田间污染、加工过程中污染和产品贮藏过程中污染三个阶段。每个阶段微生物又通过多种途径污染果蔬。果蔬在田间可能会受到微生物的入侵,但这个时期由于其生命力旺盛,对入侵微生物的抵抗能力较强,因此,微生物侵入后不可能大量繁殖而处于潜伏状态。果蔬采收后在贮藏过程中对微生物的抵抗能力逐渐降低,导致其产生病害或腐烂。田

间侵染的途径主要有以下几个方面：①使用未经发酵的人畜粪等粗农家肥，其中含有的大量的大肠杆菌、沙门菌等侵入果蔬体内。②土壤中微生物的入侵，其中含有细菌、放线菌、霉菌、酵母菌等。③水源中微生物的入侵，水源中蕴藏着大量微生物，据研究发现，自然界微生物有 47 个科，而在水中就发现了 39 个科。此外，还受风沙、雨水和飞虫传播的微生物入侵。

鲜切果蔬的切分加工过程和贮藏运输条件是造成其微生物污染的主要阶段。一方面，加工过程易对果蔬造成大量的机械损伤，致使营养物质外流，给微生物的生长提供了有利的生存条件，从而促进微生物的繁殖；另一方面，果蔬在去皮、切分过程中，由于产品表面积增大并暴露在空气中，会受到细菌、霉菌、酵母菌等微生物的污染。在鲜切加工企业内，主要的污染源是切割机，尤其是蔬菜加工时，由于大部分蔬菜属于低酸性食品，高湿与较大的切割表面为微生物提供了理想的生长条件。此外，鲜切果蔬在加工过程中发生的交叉污染也是引起产品腐烂变质的一个重要原因。

鲜切果蔬在贮运过程中，产品表面微生物数量会逐渐增加。有研究表明，鲜切果蔬表面微生物的数量会直接影响产品货架期，早期微生物数量越多，货架期就越短。运输、贮藏过程中微生物的污染主要是由于运输车辆、贮藏仓库不洁以及鲜切果蔬产品间的交叉污染导致的二次污染。为延长产品货架期并确保其安全性，在运输与贮藏过程中的环境卫生状况不容忽视。

由于鲜切果蔬的新鲜、营养高的特性，对其不能采用强热杀菌的处理手段，开发冷杀菌技术对于鲜切果蔬的品质尤为重要。冷杀菌技术又称为非热加工技术，是一种新型食品加工技术，由于加工过程中食品温度增加不显著，非常适合于鲜切果蔬的加工。目前，报道采用的冷杀菌技术有臭氧杀菌、电解氧化水杀菌、辐照杀菌、超声波杀菌、紫外线杀菌、电子束杀菌、超高压杀菌、脉冲电场杀菌、脉冲强光杀菌、高压二氧化碳杀菌等技术。与传统的热加工相比，这些冷杀菌技术具有显著的杀菌钝酶效果，能很好地保持产品的营养成分、风味和新鲜度，具有很好的应用前景。

然而，这些技术在鲜切果蔬行业还没有得到大规模的推广和应用，仍主要限于研究阶段和探索阶段。这主要是由于鲜切果蔬表面微生物种类繁多、杀菌原理和技术参数不明确以及杀灭微生物的范围和强度都没有得到很好的总结。因此，开展冷杀菌技术对鲜切果蔬的杀菌抑菌原理等方面的研究仍需进一步研究和探明。

四、积极发展冷链运输和营销系统

温度在鲜切果蔬保鲜中占有十分重要的地位,适宜的低温环境能够有效降低蔬菜自身新陈代谢,抑制微生物的生长繁殖,抑制酶类的活性,降低呼吸作用,减少营养成分流失。但是,如果冷藏环境温度过低,则蔬菜将会出现冷害现象,导致其代谢失调、产生不良气味、失水、加速褐变反应等,不仅不能延长货架期,相反会使得产品品质下降,货架期也大幅缩短。将温度控制在冷害临界点略高的环境中,能使蔬菜的生命活动缓慢进行,有利于延长货架期,减少营养消耗。因此,构建一条从产地至销售终端的良好温控的冷链系统,成为保证鲜切果蔬品质和商业价值的重要保鲜技术。冷链物流系统大体上概括为产地采后冷藏、冷藏运输、销售地低温冷藏三个环节。如董庆利等将 HACCP 理论应用至冷链管理之中,为企业提供了一套全程质量控制体系以保障鲜切果蔬的品质,降低危害因素对产品的影响。这也给鲜切果蔬行业提供了一个思路——如何采用HACCP、GMP、ISO 9000 系列及其他质量管理系统来有效地管理从产地到销售地全程的冷链系统,以确保鲜切果蔬的食用安全。

冷链物流是保证食品新鲜程度及品质的重要控制技术,全程冷链流通通过配搭有专业低温设备的物流网络,可以使食品从生产到销售过程中,保持良好的食用品质。冷链物流作为我国现阶段正在普及的现代物流产业,能为产品提供相应的低温冷藏、物流配送、生产加工、多式联运以及其他一系列配套措施,已做到降低产品在转运及销售过程中的损耗,在保持新鲜程度的同时也提高了其商品价值。

目前,我国冷链物流正处于发展阶段,有资料显示仅有 10% 的肉类及 20% 水产品以冷链物流模式进行生产配送销售,而蔬菜几乎不采用冷链物流进行生产配送销售。因此,应构建从种植基地至定点销售系列的冷链体系,为个体消费者及大型商超提供全程冷链生产加工配送的无公害蔬菜。

第七章
鲜切果蔬的加工

第一节　鲜切原料的选择

虽然目前还没有对鲜切果蔬的原料有明确的限制和规定,但是为了突显鲜切果蔬新鲜、安全、卫生、营养的特性,其加工原料须为无公害栽培的果蔬产品。而且,选择鲜切加工的适宜品种,并在适宜的成熟期内采摘是确保鲜切果蔬品质的首要前提。原料个体必须是新鲜、饱满、健壮、无异味、无腐烂、成熟度适中、大小均匀,禁止使用腐烂、病虫害、伤痕的不合格原料。

果蔬的种类和品种是影响鲜切果蔬贮藏品质的重要因素,选择适宜鲜切的果蔬品种对贮藏品质影响颇大。研究者通过对 12 个苹果品种进行对比试验,经贮藏初期呼吸速率、整个贮藏期的总呼吸率、硬度变化、颜色变化以及其他品质综合比较,认为 NY 674、Cortland、金冠(Golden Delicious)、帝国(Empire)和元帅(Delicious)是最适合的鲜切苹果品种,而陆奥(Mutsu)和瑞光(Rome Beauty)是最不适合的鲜切苹果品种。试验发现,呼吸旺盛的品种不耐贮藏,同时在贮藏过程中,鲜切果蔬的硬度下降,颜色由于氧化褐变而加深也都影响着制品的品质。但总的来说,呼吸速率是影响鲜切果蔬货架期的主要因素,也是选择鲜切果蔬品种的重要标准。尽管这些因素影响鲜切果蔬品质和保鲜期的不良变化可由所采取相应的保鲜措施而得到抑制,但在相同条件下,各品种间依然存在一定的差异。因此,对鲜切果蔬原料的选择总体要求通常为:贮藏初期呼吸速率能迅速下降到较低水平、整个贮藏期的总呼吸速率保持较低、整个贮藏期的硬度和颜色变化不大。

第二节　鲜切果蔬的加工工艺

鲜切果蔬的加工是一个综合配套的处理过程,要想获得高品质的鲜切果蔬产品,必须对从原料选择、处理、包装、贮藏、运输、销售等每一个环节进行严格质量控制。现有的资料表明,优质的原料、正确的处理和加工方法、合理的包装及冷链运输系统都能延长鲜切果蔬的货架期。

鲜切果蔬的加工方法和工艺与市场流通途径相关。对于当天加工、隔日食用的鲜切果蔬,可以采取相对简单的净化处理,以节省投资,降低加工成本。如果产品的货架期要求在 3~5 天以上,则需要进行适当的消毒和清洗,并应采取合适的薄膜包装。这两种加工方法比较适合餐馆、旅馆、学校和单位等大型的统一消费团体,不适用于零售。一般而言,零售的鲜切果蔬一般要求其货架期达到5~7 天,甚至更长时间,因而需要进行更为复杂的处理,包括消毒、氯液或者酸液清洗、透气保鲜膜包装以及使用不同的方法组合的保鲜方法等。

目前,冷藏鲜切果蔬产品的一般加工工艺流程为:新鲜果蔬→整理→清洗→挑选→去皮、切分→清洗、沥干→杀菌液处理→沥干→护色保鲜液处理→沥干→装袋→真空封口→冷藏→冷链运输→销售。

一、鲜切果蔬原料及加工前处理

作为鲜切果蔬的原料种类主要有苹果、梨、菠萝、桃、猕猴桃、西瓜、鳄梨、火龙果、香蕉、胡萝卜、韭菜、芹菜、洋葱、甘蓝、马铃薯、生菜、甘薯、竹笋、莲藕、山药等。

(一)原料的采收

果蔬原料品质的好坏对鲜切果蔬的品质影响很大,只有适合鲜切加工的优质果蔬原料才能加工出高质量的鲜切果蔬。作为鲜切果蔬的原料必须是品种优良、鲜嫩、大小均匀、成熟度适宜的原料,不得使用腐烂、病虫、斑疤的不合格原料。如胡萝卜、马铃薯、甘蓝、葱对品种选择就非常重要。例如,多汁的胡萝卜、芜菁、甘蓝等品种不适合用来生产货架期要求数天的搅碎产品,而对马铃薯来说,如果选用品种不适合,则易出现褐变及较差的风味。不同品种的果蔬对环境的反应不一样,如五种不同类型的鲜切莴苣贮藏时对 CA 环境的适应性、褐变程度、腐败变质程度等都不一致。

原料在采收前,掌握正确的灌溉时间和灌溉量,同时需注意不能使用污水灌溉,严格按照无公害果蔬生产要求进行管理。有的果蔬在采收前喷洒一定浓度的钙盐,可使果蔬组织的硬度和弹性得以改善,并可减轻生理病害;而有些果蔬喷洒一定浓度的乙烯利则可改善果皮色泽,促进成熟;喷洒一定的赤霉素则可推迟成熟过程,延长货架期等。对鲜切果蔬而言,确定适宜的采收期因果蔬品种而定,在品种达到产品该其鲜食要求的色、香、味和组织结构特征时,并避开雨天、高温及露水未干时,人工采摘,避免机械损伤及污染,同时剔除各种杂质、未成熟果、病害果和伤果。

(二)原料的贮藏

水果、蔬菜是由许多种化学物质组成的。采收后的贮藏过程中,这些化学物质的变化将引起水果、蔬菜品质的变化。同时,对水果和蔬菜的贮藏特性与抗病性也有很大的影响。根据果实化学成分的变化规律,采取相应的技术措施,控制果实的化学成分变化,可使果实腐烂变质所造成的损失减少到最低限度。

为了方便运输和贮藏,人们经常会在果实没有完全成熟的时候采摘。如果采摘下来的水果还不成熟而直接放进冷库,冷库内过低的温度会中断了这些水果的成熟进程,这会使得这些水果的色泽、口感、营养都受到影响。所以,现在人们都是在水果蔬菜达到生理成熟期时采摘,那么,这时候就要采取适宜的采后贮藏措施。

由于果蔬原料的成熟期较短、采收期较集中,一时加工不完就需要进行相应的贮藏,以便延长加工时间并保证原料的全年供应。因此,鲜切果蔬的加工厂应配备原料冷库,这非常有利于原料预冷后的短期贮藏。比如,在国外,制作生菜沙拉的蔬菜,经验收后即置于7℃以下的符合卫生要求的贮藏室中进行短期贮藏,以延长生菜的加工时间。

(三)原料的分级

原料的分级,包括原料的大小、重量和品质分级。按大小分级的目的,是便于随后的工艺处理,能够达到均匀一致的加工品,提高商品质量。例如同一大小、形状的果实才能采用机械去皮,同一成熟度的果蔬才能采用同样的热烫时间。原料按品质分级,可使成品质量统一,保证能够达到规定的产品质量要求。

供罐藏用的蔬菜原料,要特别注意分级处理。如供制整形番茄罐头的原料,要选择色泽红艳夺目、果形圆整的为好。加工蘑菇罐头时,在烫煮之后,使蘑菇具有一定的弹性,再用分级筛按菌盖直径的大小进行分级,凡是不适合做整形蘑菇装罐的,则剔选出来,切成薄片,称为片菇。青豌豆罐藏可按大小和品质分级,即先用相对密度为 1.04 的食盐水浸泡青豌豆,能浮起者为甲级,下沉者再用相对密度为 1.07 的食盐水浸泡,能浮起者为乙级,下沉者为丙级。这是由于青豌豆含糖多者密度小,如果糖分转化成淀粉则密度增大,品质就下降。所以用一定密度的食盐水来分级时,上浮者品质好些,下沉者就差些。

在蔬菜方面也有按重量分级的,如四川榨菜原料的菜头,分为 125～250 克、300～500 克、500 克以上三个等级。而无须保持果品形态的制品,如果酒、果汁及果酱等不需要分级。果实的分级主要运用筛分法。根据果实大小,而选用孔径不等的分级筛、分级盘、分级带以及分级辊等机具进行。

二、清洗

果蔬原料清洗的目的在于洗去果蔬表面附着的灰尘、泥沙和大量的微生物以及部分残留的化学农药,保证产品的清洁卫生。对鲜切果蔬的清洗用水,应符合国家饮用水标准。在清洗水中可加入适当的清洗剂如偏硅酸钠,如病菌已侵入表皮,则应以加压水来增加水的冲击力,水中加入 0.05%～0.1% 的盐酸有助于消除农药残留,加入氯剂如次氯酸钠以防止微生物增殖,但注意采用流动式氯水消毒,产品的游离态余氯应在低于 0.2 毫克/升范围内。目前,对果蔬清洗用水中,也有采用臭氧、过氧化氢、二氧化氯等作为消毒剂来清洗果蔬原料的报道。

果蔬的清洗方法可分为手工清洗和机械清洗。手工清洗劳动强度大,效率低,但对于一些易损伤的果品如杨梅、草莓、樱桃等,手工清洗最适宜。目前,适宜于清洗果蔬的机械种类较多,有适合于质地坚硬如胡萝卜、甘薯、黄桃等果蔬品种的滚筒式清洗机,也有适合于清洗番茄、柑橘等原料的喷淋式清洗机。因此,生产中应根据生产条件、果蔬形状、质地、表面状态、污染程度、加工方法等来选用适宜的清洗设备。

三、去皮、切分

鲜切果蔬的加工需要去皮,甚至切成一定的大小和形状规格。果蔬去皮的方法有很多,工业化生产多采用机械去皮、化学或高压去皮、酶解去皮等,但原则上不管采用哪种去皮方法,都要尽可能地减少去皮对果蔬组织细胞的破坏程度。最为理想的去皮方法是使用锋利的切割工具进行手工去皮,原因在于机械去皮、高压蒸汽去皮、碱液去皮都会在很大程度上破坏果蔬的细胞壁,使细胞汁液外流,增加了微生物污染和酶促氧化褐变发生的可能性,因而降低了鲜切产品的质量。手工操作可最大限度地降低果蔬细胞的伤害。相关数据表明,手工去皮胡萝卜的呼吸速率比未去皮的胡萝卜高15%,而采用机械去皮的比手工去皮的还要高2倍。另外,从感官品质上比较,手工去皮的产品要比机械去皮好,也更能充分利用原料减少浪费。

果蔬切分的大小对产品的品质也有较大的影响。切分大小既要有利于后期的保存,也要符合现代饮食的需要。一般来说,切分得越小,就有越多的细胞被破坏,裸露在空气中的表面积就越大,与氧气接触的机会就增多,微生物繁殖就更快,失水更多,生理活动也更加旺盛,非常不利于保存。切分一般应采用薄而锋利的不锈钢刀片,使用钝刀片会增大切割部位细胞的伤害程度。另外,切割时用的垫子、刀片要用1%的次氯酸溶液消毒,切割机械应安装牢固,否则设备的震荡会损害果蔬切片的表面。因此,去皮、切割过程要严格遵守食品卫生安全操作规程,确保产品的卫生质量。

四、清洗、杀菌处理、沥干

清洗处理是鲜切果蔬加工中不可缺少的环节。这是因为经切分的果蔬表面已造成一定程度的破坏,汁液渗出更有利于微生物活动和酶反应的发生,引起腐败、变色,导致质量下降。由于失去表皮的保护,鲜切果蔬更易被微生物主要是细菌侵入而变质。在鲜切果蔬表面一般无致病菌而只有腐败菌,如欧文杆菌、假单胞杆菌,因为这类细菌对致病菌有竞争优势。但在环境条件变化时,可能导致微生物菌落种类的变化,导致致病菌的生长。如包装内部高相对湿度和极低氧气浓度、低盐、高pH、过高贮藏温度(高于5℃)等,在这些条件下,一些致病菌如梭状芽孢杆菌、李斯特菌、耶尔森菌等有可能生长产生毒素。因此鲜切果蔬贮藏应严格控制贮藏的条件。

去皮、切分后的果蔬原料进行清洗，主要是除去切割部位上的细胞汁液，这样在随后的贮存中可以减少微生物污染和防止酶促褐变的发生。另外，在清洗水中可加入一些添加剂如柠檬酸、次氯酸钠等杀菌剂，可减少微生物数量及阻止酶促褐变。研究发现，去皮或切分前后，清洗水中含氯量或柠檬酸量为100～200毫克/升时可有效延长货架期。使用次氯酸钠溶液清洗切分的叶用莴苣，可抑制产品褐变及病原菌数量。需要注意的是，使用氯处理后的原料，必须进行漂洗，减少氯浓度至饮用水标准，否则会导致产品劣变及萎蔫，且有残留氯的臭气。鲜切果蔬洗净后，应充分沥干表面水分，否则更容易发生腐败，工业中通常采用离心脱水机加以除去。如切分后的叶用莴苣脱水最适宜条件为1 000转/分（旋转机直径为52厘米），离心30秒。

五、护色保鲜处理

鲜切果蔬与未切分果蔬相比，更容易产生一系列不利于贮藏的生理生化变化。这是因为果蔬经过去皮、切分等处理后，组织结构受到伤害，原有的保护系统被破坏，果蔬汁液外溢，而果蔬汁液本身营养丰富，是微生物生长的良好培养基，微生物容易浸染和繁殖。同时，果蔬体内的酶与底物的区域化分隔被破坏，酶与底物直接接触，发生各种生理生化反应，如多酚氧化酶（PPO）催化酚类物质氧化反应，脂肪加氧酶催化膜脂反应，细胞壁分解酶催化细胞壁的分解反应导致褐变，细胞膜的破坏及细胞壁的分解，产品的外观受到严重破坏，还有组织本身的代谢，组织受伤后呼吸强度提高，乙烯生成量增加，产生次生代谢产物，加快鲜切果蔬组织的衰老与腐败。因此，在贮藏中要减少或抑制微生物的生长与繁殖，抑制鲜切果蔬组织自身的新陈代谢，延缓衰老，控制一些不良的生理生化反应，以延长鲜切果蔬的货架期。

对去皮、切分后的果蔬产品，如去皮后的苹果、梨和马铃薯等，主要的质量问题就是褐变。褐变可引起果蔬产品色泽、风味等感官性状下降，还会造成营养损失，甚至影响产品的安全性。消费者往往以产品的外观尤其是色泽的好坏作为品质优劣的标准，因此，发生褐变的鲜切产品不仅影响到产品的销售，而且也会降低人们在食用时的愉悦感。

传统上，一般使用亚硫酸盐来抑制褐变，但是近年来发现亚硫酸盐的使用会对人体造成一些不良影响，特别是它对哮喘患者具有副作用，因此，寻找亚硫酸盐的替代品成为控制鲜切果蔬褐变的研究热点。研究表明，安息香酸及其衍生物类、半胱氨酸、间苯二酚、4－己基间苯二酚、EDTA、柠檬酸、抗坏血酸、抗坏血酸衍生物、异抗坏血酸等很有可能成为亚硫酸盐替代品。这些化学物质抑制褐变的作用机制各不相同,他们在鲜切果蔬生产上的应用效果与果蔬种类、环境条件等诸多因素有关。化学物质可单一使用也可通过筛选形成多元复合褐变抑制剂使用,多元复合使用不仅可以增强抑制褐变的效果,而且能够降低每一种物质使用的剂量,减少化学物质的残留量,提高产品的安全性。研究表明,鲜切梨片用0.5毫克/升抗坏血酸、柠檬酸、氯化钙、焦磷酸二钠保鲜液处理1分,在0~5℃条件下贮存7天而不褐变。对于鲜切苹果片而言,采用0.01%~0.05%的4-己基间苯二酚和0.2%~0.5%抗坏血酸处理,可有效控制其褐变的发生。

目前,应用于鲜切果蔬的保鲜方法主要有物理保鲜法、化学保鲜法以及生物保鲜法。

(一)物理保鲜技术

采用低温冷链、气调保鲜、超高压、臭氧、低剂量辐照、超声波等物理保鲜方法,尽可能保持鲜切果蔬的原有品质和风味。

1. 低温冷链技术

为了保持果蔬的优良品质,从采收到消费的整个过程需要维持一定的低温,即新鲜果蔬采收后在流通、贮藏、运输、销售一系列过程中实行低温贮藏,以防止新鲜度和品质下降,这种连贯体系的低温冷藏技术称为低温冷链技术。目前,低温冷链技术是保持鲜切果蔬色、香、味的重要手段,而且成本较低、保鲜时间较长。有研究表明,鲜切果蔬褐变的主要因素是酚类物质的氧化,特别是多酚氧化酶导致的酶促褐变。低温可以抑制多酚氧化酶及其他酶的活性,减缓褐变进程,延缓鲜切果蔬的氧化腐烂,而且可以抑制微生物的生长与繁殖,减少营养成分的消耗。国内外大多数学者认为,鲜切果蔬较适合在0~5℃条件下贮藏。刘程惠等对4℃、8℃、10℃三个贮藏温度条件下鲜切马铃薯的生理生化变化进行研究,试验结果表明,4℃低温贮藏能够有效地抑制由切割引起的一系列生理生化变化,保持鲜切马铃薯的良好品质且延长货架期。

2. 冷杀菌技术

(1)超声波杀菌。超声波多用于鲜切果蔬的清洗,该技术利用低频高能量的超声波空化效应在液体中产生瞬间高温高压,造成温度和压力变化,使液体中某些细菌致死、病毒失活,甚至破坏体积较小的微生物细胞壁,从而延长果蔬的保鲜期。用超声波气泡清洗鲜切西洋芹10分后再用浓度为0.4%的$CaCl_2$溶液处理,微生物菌落可除掉80%,呼吸作用明显受到抑制,PPO活性一直处于较低水平,且对维生素 C 无明显的破坏作用,感官品质良好。但同时超声波的机械作用会对鲜切果蔬的细胞组织产生一定的破坏,因此,对不同种类的鲜切果蔬需要进行超声波功率量化的实验研究。

(2)臭氧杀菌。臭氧是一种理想的冷杀菌技术,其杀死病原菌范围广、效率高、速度快、无残留。臭氧对各类微生物都有强烈的杀菌作用,而且能使乙烯氧化分解,延缓果蔬后熟及衰老,调节果蔬的生理代谢,降低果蔬的呼吸作用和代谢水平,延长贮藏保鲜期。徐斐燕等研究表明,臭氧水浸泡处理能有效地控制鲜切西蓝花表面的微生物,并降低多酚氧化酶活性,保持维生素 C 含量,抑制叶绿素的降解,但对还原糖有一定的影响。臭氧使用浓度过高会引起果蔬表面质膜损害,使其透性增大、细胞内物质外渗,品质下降,甚至加速果蔬的衰老和腐败等。此外,其杀菌效果还受温度和湿度的影响。

(3)辐射。辐射杀菌(Radiation Treatments)是利用射线照射果蔬,引起微生物发生物理化学反应,使微生物的新陈代谢、生长发育受到抑制或破坏,致使微生物被杀灭,果蔬的贮藏期得以延长的一种技术。在鲜切莴苣、芹菜、胡萝卜和柿子椒等应用上已经得到 FDA 认可的辐射剂量最大为 1 千戈瑞。高翔等采用 $60Co-\gamma$ 射线辐照处理鲜切西洋芹,得到辐照剂量为 1 千戈瑞时,可有效控制微生物繁殖,使细菌数降低 2 个数量级,霉菌和酵母菌降低 1 个数量级,明显抑制了酶活力,减少褐变和降低呼吸作用与失水率,提高了可溶性固形物含量,保持了鲜切西洋芹的商品品质。

(4)超高压。超高压保鲜技术是在常温或较低温条件下对鲜切果蔬进行 100 兆帕以上的高压处理,是一个纯物理过程,具有瞬间压缩、作用均匀、操作安全、温度升高值小、耗能低、污染少、利于环保且使果蔬营养成分得到很好保持等优点。Estiaghi 等对马铃薯鲜切块采用超高压处理后,研究发现维生素 C 的保存率大于90%。纵伟等研究表明,600 兆帕超高压处理可通过抑制多聚半乳糖醛酸酶活性而维持鲜切猕猴桃果片的硬度,同时可有效地抑制维生素 C 含量的损失。鲜切果蔬经 600 兆帕压力处理 10 分后,可抑制与褐变相关酶的活性,抑制微生物生长,在 4 ℃条件下贮藏 9 天后,仍然具有较好的硬度和较高的维生素 C 含量。

(5)气调保鲜技术。鲜切果蔬在空气中易发生褐变、被微生物污染且代谢旺盛。采用气调包装,使其处于适宜的低氧、高二氧化碳气体环境中,则能降低其呼吸强度,抑制乙烯产生,延缓衰老,延长货架期;同时也能抑制好氧性微生物生长,防止腐败变质;但二氧化碳含量过高或氧气含量过低,则会导致无氧呼吸,产生不利的代谢反应与生理紊乱。目前,气调保鲜作为无公害保鲜手段,备受国际保鲜与加工的青睐。

常采用的自发调节气体包装(MAP,Modified Atmosphere Package)就是通过使用适宜的透气性包装材料,被动地产生一个调节气体环境,或者采用特定的气调环境。MAP 中适宜的低氧气和高二氧化碳环境可降低果蔬的呼吸代谢和乙烯的合成量,抑制酶活性,减轻生理紊乱,减缓果蔬品质败坏。

(二)化学保鲜技术

采用涂膜处理、保鲜剂处理以及天然产物提取物保鲜技术等方法对于水果蔬菜进行护色保鲜处理。

1. 涂膜处理

近年来,涂膜处理是鲜切果蔬常用的保鲜措施之一,可有效地阻止鲜切果蔬与氧气接触,防止褐变发生,改善鲜切果蔬的外观品质,达到保鲜效果。Rojas - Graü 等采用海藻酸钠和结冷胶为成膜基质,复配 N - 乙酰半胱氨酸和谷胱甘肽作为抗褐变剂,研究其对鲜切苹果的保鲜效果。结果证实,添加抗褐变剂后对可食膜的水蒸气透过率没有影响,表明海藻酸钠和结冷胶适合作为抗褐变剂的可食膜载体基质。邱松山等研究显示,壳聚糖/纳米二氧化钛复合涂膜可有效地降低荸荠的水分、维生素 C 等成分的损失,延缓褐变的发生,从而延长鲜切荸荠的货架期。Robles - Sánchez 等以海藻酸钠为抗褐变剂(抗坏血酸和柠檬酸)的成膜载体,研究其对鲜切芒果生物活性物质和抗氧化活性的影响,结果表明,海藻酸钠和抗褐变剂组成的复合膜可以很好地保持鲜切芒果的品质,同时也能提高其抗氧化活性。王兰菊等研究表明,1% 壳聚糖 + 0.5% 维生素 C 涂膜处理鲜切山药效果最佳。贾慧敏等研究了卡拉胶、羧甲基纤维素(CMC)、海藻酸钠涂膜及两两复配处理对鲜切桃果实在 5 ℃贮藏条件下的色泽及多酚氧化酶活性变化的影响,结果表明,卡拉胶 + CMC 在褐变程度以及酶活性抑制上效果最明显。

Azarakhsh 等以海藻酸钠为成膜基质,研究添加不同浓度的柠檬草精油对鲜切菠萝的货架期的影响,结果显示,添加 0.3% 柠檬草精油的海藻酸钠可食膜可保持鲜切菠萝的品质,延长其货架期。Mantilla 等研究了海藻酸钠复合抗菌膜对鲜切菠萝货架期的影响,结果表明,复配微胶囊化的反式肉桂醛海藻酸钠膜对鲜切菠萝的色泽有一定的影响,但是抑制了微生物的生长,并可使鲜切菠萝的货架期延长至 15 天。Sipahi 等采用海藻酸钠为成膜基质的多层可食膜对鲜切西瓜的品质进行了研究,结果表明,采用 1% 和 2% 的海藻酸钠基质可食膜处理,可使鲜切西瓜的货架期延长 5~8 天,而且,以 1% 海藻酸钠为成膜基质,加入 β-环糊精和反式肉桂醛不仅延长了鲜切西瓜的货架期,而且也保持了鲜切西瓜良好的品质和感官性状。

2. 保鲜剂处理

目前,在实际生产中,鲜切果蔬主要应用化学保鲜剂进行防腐保鲜处理,但为了保障食品的安全性,使用化学保鲜剂的浓度必须符合 FDA 规定的标准。使用异抗坏血酸钠和柠檬酸处理鲜切苹果、芒果、菠萝,均可显著抑制变色。有研究表明,浓度为 20 毫摩尔/升抗坏血酸钙在一定程度上能够抑制鲜切牛蒡的褐变,延缓衰老,保持其品质。有报道指出,以莴笋为试材,采用异维生素 C、柠檬酸等对鲜切莴笋常温贮藏期间品质与褐变的影响,结果表明,异维生素 C(1%)+柠檬酸(0.5%)复配处理对鲜切莴笋贮藏期间的褐变有良好的抑制作用,保持了较低的 PPO 活性,对其糖酸含量等无不良影响。其与 EDTA(0.1%)复合效果最好,并且可以有效地抑制丙二醛含量升高,减少细胞膜损伤。

3. 天然产物提取物保鲜技术

目前,鲜切果蔬贮藏保鲜最有效的手段是冷藏结合化学杀菌剂处理,但由于人们对食品安全的重视,迫切需要加大研究无公害天然防腐保鲜剂产品及技术的力度,以取代化学杀菌剂。利用天然产物提取物的抗褐变和抗菌作用对鲜切果蔬进行保鲜,具有天然、安全的优势。天然产物提取物如柠檬草精油、肉桂精油是鲜切果蔬的有效抑菌剂,可显著地提高鲜切果蔬的货架寿命与安全性。

(三)生物保鲜技术

近年来,食品安全问题已经引起了人们的普遍关注,随着现代生活方式的改变和生活节奏的加快,传统的果蔬保鲜技术已不能满足人们的现实需求,因此,深入研究安全无污染的生物保鲜技术已迫在眉睫。生物保鲜物质具有可食性、天然性、安全性、可降解性等特点,是一种理想的环保型保鲜产品。生物保鲜技术是利用有益微生物的代谢产物抑制有害微生物,从而延长鲜切果蔬的贮藏期。迄今为止,国内外相关领域学者一直致力于研究各种有效的生物保鲜剂,在食品生物保鲜技术研究方面做了大量的工作,并取得了显著的成效。相信在不久的将来,生物保鲜技术在鲜切果蔬保鲜方面的具有非常广阔的应用前景。

六、包装

鲜切果蔬生产中的最后操作是包装,其功能在于防止微生物二次污染和产品失水,获得良好的气调效果,方便产品的贮运和销售。选择合理的包装材料和包装方法,更是直接阻止微生物和化学污染物侵染的物理屏障。

目前,应用于鲜切果蔬包装上最广泛的是气调包装(MAP, Modified Atmosphere Packaging),它的基本原理是通过适宜的透气性的包装材料被动地产生一个调节气体环境,或者采用特定的气体混合物及结合透气性的包装材料主动地产生一个调节气体环境,其最终目标是在包装袋内形成一个理想的气体条件,尽可能地降低产品的呼吸强度,且不对产品产生不良影响。一般来说,MAP 的目的是获得一个组分为 2% ~5% 的二氧化碳、2% ~5% 的氧气其余为氮气的气体环境。

采用塑料薄膜包装的鲜切果蔬,应选择气体渗透性好的薄膜,并对氧气和二氧化碳具有不同的选择透性,对二氧化碳的渗透能力要大于对氧气的渗透能力,以便当包装内二氧化碳浓度过高时可以及时透出,包装袋内氧气浓度低于无氧呼吸消失点时可以从外界环境及时补充。同时,薄膜的透湿性不能过高,依鲜切果蔬自身的特点而定。另外,薄膜还应有一定的强度,耐低温、热封性和透明度好。满足上述要求的薄膜材料主要有聚乙烯(PE)、聚丙烯(PP)、乙烯 - 醋酸乙烯共聚物(EVA)、丁基橡胶(IIR)等。

七、冷藏、冷链运输和销售

由于果蔬生产的季节性、地域性和多样性,使果蔬生产的淡、旺季很明显。同时,果蔬是鲜活产品,组织柔嫩、含水量高、易腐烂变质、不耐贮运,采后极易失鲜而降低品质,降低营养价值和失去商品经济价值。为使人们获得果蔬的均衡供应,除加强反季节种植、周年茬口安排、促进栽培、选择品种、分期收获等栽培技术措施和采用设施栽培外,还要搞好采后贮藏和运输工作,以调节淡旺季的矛盾,丰富果蔬市场的种类。所以人们研究出了几种果蔬冷藏保鲜方法。冷藏保鲜可分为冰藏和机械冷藏。

冰藏是利用天然冰来维持低温的贮藏方法,有直接冷却和间接冷却两种方式。直接冷却即将冰块直接装在贮藏库内,使其吸热融化而使产品降温,具有制冷效率高、贮藏成本低的特点,但贮藏环境中的湿度不易控制。间接冷却是用盐水作为中间冷却介质的方法,此法的温度调节较为方便,但热效率低、投资高、维持费用也较高。

机械冷藏是在有良好隔热性能的库房中借助机械冷凝系统,把热量由高温物体(被冷却物体)转移到低温物体(环境介质)中去,即将库内的热量传递到库外,使库内温度降低并保持在有利于果蔬长期贮藏的温度范围内。机械冷藏的优点是不受外界环境条件的影响,可迅速而均匀地降低库温,库内的温度、湿度和通风都可根据贮藏对象的要求而调节控制。果蔬采收后,其同化作用基本停止,但仍是活体,会进行呼吸作用,分解体内有机物,放出呼吸热。新鲜果蔬的含水量高,营养物质丰富,保护组织差,易受机械损伤和微生物侵害,属于易腐商品。

要想将新鲜果蔬贮藏好,除做好采后商品化处理外,还需配置相应的贮藏设施,配备冷藏机械,创造适宜的贮藏环境条件,最大限度地抑制呼吸代谢,延缓后熟和衰老进程,从而延长采后寿命;同时,也能有效地防止微生物生长繁殖,避免果蔬因受侵染而引起腐烂变质。果蔬进入冷库时带来大量田间热和呼吸热,再加上库内灯光、库体漏热、操作人员散热等热量,均需要排除,以便维持库中低温。这个降温过程是通过制冷剂的物态变化来完成的,机械制冷的工作原理是利用制冷剂从液态变为气态时吸收热量的特性,使库内果蔬的温度下降,并维持恒定的低温条件,达到延缓果蔬衰老、延长贮藏寿命和保持商品质量的目的。

冷链最早是由美国人阿尔贝特·巴尔里尔(Albert Barrier)和英国人 J. A. 莱迪齐(J. A. Ruddich)于 1894 年先后提出来的。但是,直到 20 世纪 40 年代,冷链才得到足够重视和发展。1943 年世界食品物流组织(简称 WFLO)成立,主要目的是改善食品及其他货物在保存和配送过程中的冷藏技术。国外食品冷链物流是随着食品安全理论和供应链理论的发展而发展的。

1959 年美国皮尔斯柏利公司与美国航空和航天局联合开发航天食品时形成了 HACCP 食品安全管理体系,即危害分析与关键控制点(Hazard Analysis and Critical Control Point)体系,是一种科学、简便、实用的预防性食品安全质量控制体系,现被世界各国所采用。随着供应链理论的发展,Donouden Zuurbier 等学者于 1996 年首次提出了食品供应链(Food Supply Chain)概念,并认为食品供应链管理是农产品和食品生产、销售等组织,为了降低食品和农产品物流成本、提高质量、提高食品安全和物流服务水平,而实施的一种一体化运作模式。从国外关于冷链的定义来看,不但包括易腐食品还包括需要低温运输的医药产品,如疫苗等。而国内冷链基本上就是指食品的冷链,虽然有众多定义,但都大同小异,在对象(食品)冷链运作条件(低温)、涉及环节(生产加工、贮藏、运输、销售、消费)、目的(保证食品质量、减少食品损耗)等方面都是一致的。

相对于国外发展较为成熟的食品冷链物流,目前国内对食品冷链物流还没有统一的定义和标准。冷链是指根据物品特性,为保持其品质而采用的从生产到消费的过程中始终处于低温状态的物流网络。物流网络是物流过程中相互关联的组织、设施和信息的集合,解决蔬菜等农产品运输途中容易腐烂这一问题最有效的方法就是冷链运输,即配备相应的冷链技术和运输装备,建立和完善冷链,以达到保持蔬菜原有的品质和风味的目的。

鲜切果蔬的贮藏销售最好在冷链中进行。低温可以抑制鲜切果蔬的呼吸作用和酶的活性,降低各种生理生化反应速度,延缓衰老,抑制褐变,同时也能抑制微生物的繁殖。鲜切果蔬包装后,应立即放入冷库中贮存,冷藏温度必须低于5℃,以提高产品的货架寿命。贮存时,包装小袋要摆放成平板状,不易叠放过高,否则产品中心温度不易冷却。配送时,应使用冷藏车,一方面注意冷藏车的车门不要频繁开闭,以免引起温度波动,不利于产品品质保持;另一方面,可采用易回收的隔热容器和蓄冷剂(如冰)来解决车门频繁开闭造成的温度波动。比如,鲜切甘蓝用 0.04 毫米的聚乙烯袋包装后放入发泡聚苯乙烯容器中,车内空隙全部用冰来填充。零售时,为保持产品品质,应配备冷藏柜,贮藏温度也应小于 5℃。

第三节　鲜切果蔬加工实例

鲜切果蔬的种类很多,本书选择几种典型的鲜切产品,对它们的加工工艺流程及操作要点进行简要介绍,作为其他种类鲜切果蔬加工的技术参考。

一、鲜切水果加工实例

(一)鲜切苹果

1. 工艺流程

原料选择→清洗、分级→去皮、去核→修整→切分→护色→包装、预冷→冷藏、销售。

2. 操作要点

(1)原料选择。选择新鲜、大小均匀、无机械损伤和病虫害、质地较硬的苹果品种为原料,要求成熟度为八九成。

(2)清洗、分级。用清水洗去附着在果实表面的泥沙和污物等,按果实大小进行分级。

(3)去皮、去核。可采用机械去皮,然后辅以人工去核的方式。

（4）切分。根据产品加工的需要进行切分，采用机械切片机，切成块状或者片状。

（5）护色。把切分后的苹果块或者片浸渍在护色液中（含有 0.2% D － 异抗坏血酸、0.5% 柠檬酸、0.1% 氯化钙）20 ~ 30 分，之后用清水漂洗，沥干。

（6）包装、预冷。将沥干后的苹果块或片装入保鲜盒中，表面覆盖聚乙烯保鲜膜进行包装，然后送预冷间冷却至 3 ~ 5℃。

（7）冷藏、销售。预冷后的产品再用塑料箱包装，送冷藏库冷藏或配送销售，控制温度在 3 ~ 5℃。

（二）鲜切菠萝

1. 工艺流程

原料选择→清洗、分级→去皮、去心→修整→切分→保鲜液处理→包装→预冷→冷藏、销售。

2. 操作要点

（1）原料选择。要求选择八九成熟、新鲜、无病虫害、无机械损伤及腐烂的菠萝。

（2）清洗、分级。用流动的清水洗去附着在果皮上的泥沙和污物等，沥干水分，按照果实大小进行分级。

（3）去皮、去心。可采用菠萝去皮机进行机械去皮、去心。

（4）修整、切分。去皮后的菠萝果实上可能还会残留有黑色的斑点，可辅以人工采用不锈钢刀去净残留的斑点，并冲洗干净。根据客户及市场要求，可将菠萝切成不同形状的产品，如片状、块状、粒状等。

（5）保鲜液处理。切分后的菠萝可浸渍于含 0.5% 柠檬酸、0.1% 氯化钙和 0.1% 山梨酸钾的保鲜液中 15 ~ 20 分，捞出，沥干。

（6）包装、预冷。将鲜切菠萝产品平铺于包装盒中，采用 PE 包装，然后送至冷藏室，控制温度在 3 ~ 5℃。

（7）冷藏、销售。预冷后的产品再用塑料箱包装，送冷藏库冷藏或配送销售，控制温度在 0 ~ 4℃。

（三）鲜切猕猴桃

1. 工艺流程

原料选择→清洗、分级→去皮、修整→切分→保鲜液处理→包装→预冷→冷藏、销售。

2. 操作要点

（1）原料选择。要求选择六七成熟、新鲜、无病虫害、无机械损伤及腐烂的猕猴桃。

（2）清洗、分级。用流动的清水洗去附着在果皮上的泥沙、污物和猕猴桃毛等，沥干水分，按照果实大小进行分级。

（3）去皮、修整。可采用机械摩擦去皮机进行去皮，对于去皮不彻底的果实可辅以手工去皮。

（4）切分。根据客户及市场要求，可将猕猴桃纵向切成圆片状或者切成立方体。

（5）保鲜液处理。切分后的猕猴桃可浸渍于含 0.5% 柠檬酸、0.25% 抗坏血酸、0.1% 氯化钙和 0.1% 山梨酸钾的保鲜液中 15～20 分，捞出，沥干。

（6）包装、预冷。将鲜切猕猴桃片平铺于包装盒中，采用 PE 包装（图 7-1），然后送至冷藏室，控制温度在 3～5℃。

图 7-1　鲜切猕猴桃

（7）冷藏、销售。预冷后的产品再用塑料箱包装，送冷藏库冷藏或配送销售，控制温度在 0～4℃。

（四）鲜切梨

1. 工艺流程

原料选择→清洗、分级→去皮、修整→切分→保鲜液处理→包装、预冷→冷藏或运销。

2. **操作要点**

（1）原料选择。要求选择八九成熟、新鲜、无病虫害、无机械损伤及腐烂的梨。

（2）清洗、分级。用流动的清水洗去附着在果皮上的泥沙、污物等杂质，沥干水分，按照果实大小进行分级。

（3）去皮、修整。可采用机械去皮机进行去皮，对于去皮不彻底的果实可辅以手工去皮。

（4）切分。根据客户及市场要求，可将梨切成块状或是条状。

（5）保鲜液处理。切分后的梨块可浸渍于含 0.5% 食盐、0.25% 抗坏血酸、0.1% 氯化钙和 0.1% 山梨酸钾的保鲜液中 15～20 分，捞出，沥干。

（6）包装、预冷。将鲜切梨平铺于包装盒中，采用 PE 包装，然后送至冷藏室，控制温度在 3～5℃。

（7）冷藏、销售。预冷后的产品再用塑料箱包装，送冷藏库冷藏或配送销售，控制温度在 0～4℃。

（五）鲜切桃

1. **工艺流程**

原料选择→清洗、分级→去皮、修整→切分→保鲜液处理→包装、预冷→冷藏、销售。

2. **操作要点**

（1）原料选择。要求选择六七成熟、新鲜、无病虫害、无机械损伤及腐烂的桃。

（2）清洗、分级。用流动的清水洗去附着在果皮上的泥沙、污物和桃毛等，沥干水分，按照果实大小进行分级。

（3）去皮、修整。可采用机械摩擦去皮机进行去皮，对于去皮不彻底的果实可辅以手工去皮。

（4）切分。根据客户及市场要求，可将桃切成圆弧状或者半月形等。

（5）保鲜液处理。切分后的桃可浸渍于含 0.5% 柠檬酸、0.25% 抗坏血酸、0.1% 氯化钙和 0.1% 山梨酸钾的保鲜液中 15～20 分，捞出，沥干。

（6）包装、预冷。将鲜切桃片平铺于包装盒中，采用 PE 包装，然后送至冷藏室，控制温度在 3～5℃。

（7）冷藏、销售。预冷后的产品再用塑料箱包装，送冷藏库冷藏或配送销售,控制温度在 0～4℃。

(六)鲜切西瓜

1. 工艺流程

原料选择→清洗、分级→去皮、修整→切分→保鲜液处理→包装、预冷→冷藏、销售。

2. 操作要点

(1)原料选择。要求选择八九成熟、新鲜、无病虫害、无机械损伤及腐烂的西瓜。

(2)清洗、分级。用流动的清水洗去附着在果皮上的泥沙、污物等杂质,沥干水分,按照果实大小进行分级。

(3)去皮、修整。可采用机械去皮机进行去皮。

(4)切分。根据客户及市场要求,可将西瓜切成块状或是条状。

(5)保鲜液处理。切分后的西瓜可浸渍于含苯甲酸钠(800 毫克/升)、山梨酸钾(800 毫克/升)、亚硫酸氢钠(400 毫克/升)的保鲜液中 15～20 分,捞出,沥干。

(6)包装、预冷。将鲜切的西瓜平铺于包装盒中,采用 PE 包装,然后送至冷藏室,控制温度在 3～5℃。

(7)冷藏、销售。预冷后的产品再用塑料箱包装,送冷藏库冷藏或配送销售,控制温度在 0～4℃。

(七)鲜切鳄梨

1. 工艺流程

原料选择→清洗、分级→去皮、修整→切分→保鲜液处理→包装→预冷→冷藏、销售。

2. 操作要点

(1)原料选择。要求选择七八成熟、新鲜、无病虫害、无机械损伤及腐烂的鳄梨。

(2)清洗、分级。用流动的清水洗去附着在果皮上的泥沙、污物等杂质,沥干水分,按照果实大小进行分级。

(3)去皮、修整。可采用机械去皮机进行去皮,对于去皮不彻底的果实可辅以手工去皮。

（4）切分。根据客户及市场要求,可将鳄梨切成块状或是条状。

（5）保鲜液处理。切分后的鳄梨可浸渍于含 0.5% 食盐、0.25% 抗坏血酸、0.1% 氯化钙和 0.1% 山梨酸钾的保鲜液中 15 ~ 20 分,捞出,沥干。

（6）包装、预冷。将鲜切鳄梨平铺于包装盒中,采用 PE 包装,然后送至冷藏室,控制温度在 3 ~ 5℃。

（7）冷藏、销售。预冷后的产品再用塑料箱包装,送冷藏库冷藏或配送销售,控制温度在 0 ~ 4℃。

（八）鲜切火龙果

1. 工艺流程

原料选择→清洗、分级→去皮、修整→切分→保鲜液处理→包装、预冷→冷藏、销售。

2. 操作要点

（1）原料选择。要求选择八九成熟、新鲜、无病虫害、无机械损伤及腐烂的火龙果。

（2）清洗、分级。用流动的清水洗去附着在果皮上的泥沙、污物等杂质,沥干水分,按照果实大小进行分级。

（3）去皮、修整。可采用机械去皮机进行去皮,对于去皮不彻底的果实可辅以手工去皮。

（4）切分。根据客户及市场要求,可将火龙果切成块状或是条状。

（5）保鲜液处理。切分后的火龙果可用含 1.0% 壳聚糖 + 0.6% 纳米载银抗菌粉 + 0.08% 茶多酚的复合保鲜剂处理,捞出,沥干。

（6）包装、预冷。将鲜切的火龙果平铺于包装盒中,采用 PE 包装,然后送至冷藏室,控制温度在 3 ~ 5℃。

（7）冷藏、销售。预冷后的产品再用塑料箱包装,送冷藏库冷藏或配送销售,控制温度在 0 ~ 4℃。

（九）鲜切香蕉

1. 工艺流程

原料选择→清洗、分级→去皮、修整→切分→保鲜液处理→包装、预冷→冷藏、销售。

2. 操作要点

(1)原料选择。要求选择六七成熟、新鲜、无病虫害、无机械损伤及腐烂的香蕉。

(2)清洗、分级。按照果实大小进行分级。

(3)去皮、修整。可采用机械去皮机进行去皮。

(4)切分。根据客户及市场要求,可将香蕉切成圆片或者斜圆片。

(5)保鲜液处理。切分后的香蕉可浸渍于含苯甲酸钠(800 毫克/升)、山梨酸钾(800 毫克/升)、亚硫酸氢钠(400 毫克/升)的保鲜液中 15 ~ 20 分,捞出,沥干。

(6)包装、预冷。将鲜切的香蕉平铺于包装盒中,采用 PE 包装,然后送至冷藏室,控制温度在 3 ~5℃。

(7)冷藏、销售。预冷后的产品再用塑料箱包装,送冷藏库冷藏或配送销售,控制温度在 0 ~4℃。

二、鲜切蔬菜加工实例

(一)鲜切莲藕

1. 工艺流程

原料选择→清洗→去皮、切片→护色→包装、预冷→冷藏、销售。

2. 操作要点

(1)原料选择。莲藕选用质白,组织结实,孔道较细,根头粗壮,藕体无损伤,横径80 毫米以上,品种一致的新鲜本地莲藕。

(2)清洗。将新鲜泥藕浸泡于清水中用软布轻轻擦洗,洗净泥垢,再用清水冲洗三次。清洗后立即放入冰柜中立即冷却(4℃,24 小时)。

(3)去皮、切片。按藕节将藕切断,去掉藕蒂和皮,并用清水冲洗干净,随即将藕切成0.3 ~0.4 厘米的薄片。

(4)护色。将柠檬酸亚锡二钠用于鲜切莲藕预处理阶段,切片后的莲藕在pH 3 ~6 条件下用0.05% ~0.2%柠檬酸亚锡二钠浸泡液处理15 分后,鲜切莲藕产品可保持较低的褐变度和多酚氧化酶活力。

(5)包装、预冷。将护色后的莲藕产品捞出,沥干水分,立即用 PA/PE 复合袋抽真空包装,真空度为0.07 兆帕,然后送至预冷装置预冷至3 ~5℃。

(6)冷藏、销售。预冷后的产品再用塑料箱包装,送冷藏库冷藏或配送销售,温度保持在 3 ~ 5℃。

(二)鲜切竹笋

1. 工艺流程

原料选择→清洗、去皮→切分→护色→包装、预冷→冷藏、销售。

2. 操作要点

(1)原料选择。将新鲜采挖的竹笋冲洗干净,选取长约 10 厘米,直径 3 ~ 4 厘米,无病虫害和无机械损伤的竹笋,剥去笋壳,将基部横截面切齐。

(2)清洗、去皮。将新鲜笋片浸泡于清水中用软布轻轻擦洗,洗净泥垢,再用清水冲洗三次。清洗后立即放入冰柜中冷却,可采用机械去皮和化学去皮的方法,并用清水冲洗干净。

(3)切分。将基部横截面切齐。从笋顶部向底端每隔 3 厘米切分,切成圆柱体,再垂直按田字形切分。

(4)护色。0.5% 柠檬酸和 45℃ 温水联合处理:将鲜切竹笋浸泡于 45℃ 的 0.5% 柠檬酸溶液 5 分。

(5)包装、预冷。将护色后的竹笋产品捞出,沥干水分,立即用 PA/PE 复合袋抽真空包装,真空度为 0.07 兆帕,然后送至预冷装置预冷至 3 ~ 5℃。

(6)冷藏、销售。预冷后的产品再用塑料箱包装,送冷藏库冷藏或配送销售,温度保持在 3 ~ 5℃。

(三)鲜切蘑菇

1. 工艺流程

原料选择→清洗、去皮→切片→护色→包装、预冷→冷藏、销售。

2. 操作要点

(1)原料选择。选新鲜的表观完好的蘑菇,将无病虫害和无机械损伤的蘑菇冲洗干净。

(2)清洗、去皮。将新鲜的蘑菇浸泡于清水中用软布轻轻擦洗,洗净泥垢,清洗后立即放入冰柜中冷却。

(3)切片。将基部横截面切齐,切分为 0.5 厘米左右厚的薄片。

(4)护色。将柠檬酸亚锡二钠用于鲜切蘑菇预处理阶段,切片后的蘑菇在 pH 3 ~ 6 的条件下用 0.05% ~ 0.2% 柠檬酸亚锡二钠浸泡液处理 15 分后,鲜切蘑菇产品可保持较低的褐变度和多酚氧化酶活力。

(5)包装、预冷。将护色后的蘑菇产品捞出,沥干水分,立即用 PA/PE 复合袋抽真空包装(图 7-2),真空度为 0.07 兆帕,然后送至预冷装置预冷至 3~5℃。

(6)冷藏、销售。预冷后的产品再用塑料箱包装,送冷藏库冷藏或配送销售,温度保持在 3~5℃。

图 7-2 鲜切双孢蘑菇

(四)鲜切胡萝卜

1. 工艺流程

原料选择→清洗、去皮→切分→护色→包装、预冷→冷藏、销售。

2. 操作要点

(1)原料选择。选取新鲜、色泽深、髓心小、无霉烂、无机械损伤的胡萝卜作为原料。

(2)清洗、去皮。将新鲜的胡萝卜浸泡于清水中用软布轻轻擦洗,洗净泥垢,再用清水冲洗三次。清洗后立即放入冰柜中冷却,可采用机械去皮和化学去皮的方法,并用清水冲洗干净。

(3)切分。将去皮的胡萝卜切成 2 厘米长的小段。

(4)护色。切分后的胡萝卜用 0.05% 的柠檬酸溶液浸泡 5 分,然后晾干。

(5)包装、预冷。将晾干的胡萝卜用 PA/PE 复合袋抽真空包装,真空度为 0.07 兆帕,然后送至预冷装置预冷至 3~5℃。

(6)冷藏、销售。预冷后的产品再用塑料箱包装,送冷藏库冷藏或配送销售,温度保持在 3~5℃。

(五)鲜切洋葱

1. 工艺流程

原料选择→清洗、去皮→切片→护色→包装、预冷→冷藏、销售。

2. 操作要点

(1)原料选择。选择新鲜、大小均匀(70 毫米)、无病虫害和无机械损伤的新鲜洋葱。

(2)清洗、去皮。将新鲜的洋葱浸泡于清水中用软布轻轻擦洗,洗净泥垢,再用清水冲洗三次。可采用机械去皮和化学去皮的方法进行去皮,并用清水冲洗干净。清洗后立即放入冰柜中冷却。

(3)切片。用清水冲洗干净,随即将洋葱切成 0.3~0.5 厘米厚的薄片。

(4)护色。切分后的洋葱立即转入 0.25% 抗坏血酸、0.2% 柠檬酸、0.2% 氯化钙的混合护色液中,浸渍 15~20 分。

(5)包装、预冷。将护色后的洋葱产品捞出,沥干水分,立即用 PA/PE 复合袋抽真空包装,真空度为 0.07 兆帕,然后送至预冷装置预冷至 3~5℃。

(6)冷藏、销售。预冷后的产品再用塑料箱包装,送冷藏库冷藏或配送销售,温度保持在 3~5℃。

(六)鲜切山药

1. 工艺流程

原料选择→清洗、去皮→切片→护色→包装、预冷→冷藏、销售。

2. 操作要点

(1)原料选择。挑选大小基本一致、无腐烂、无病虫害、无机械损伤、芽眼小的山药。可将山药暂时贮存于 3~5℃ 的冷库中备用。

(2)清洗、去皮。将新鲜山药浸泡于清水中用软布轻轻擦洗,洗净泥垢,再用清水冲洗三次。可采用机械去皮和化学去皮的方法进行去皮,并用清水冲洗干净。清洗后立即放入冰柜中冷却。

(3)切片。将山药切成 0.3~0.5 厘米厚的薄片。

(4)护色。切分后的山药立即转入 0.25% 抗坏血酸、0.2% 柠檬酸、0.2% 氯化钙的混合护色液中,浸渍 15~20 分。

(5)包装、预冷。将护色后的山药产品捞出,沥干水分,立即用 PA/PE 复合袋抽真空包装,真空度为 0.07 兆帕,然后送至预冷装置预冷至 3~5℃。

(6)冷藏、销售。预冷后的产品再用塑料箱包装,送冷藏库冷藏或配送销售,温度保持在 3~5℃。

(七)鲜切芹菜

1. 工艺流程

原料选择→清洗、切分→护色→包装、预冷→冷藏、销售。

2. 操作要点

(1)原料选择。选择新鲜、无病虫害、无机械损伤绿色无公害的芹菜。

(2)清洗、切分。用清水冲洗干净,把芹菜切成 4~6 厘米的长条。

(3)护色。将切分后的芹菜立即转入 0.25% 抗坏血酸、0.2% 柠檬酸、0.2% 氯化钙的混合护色液中,浸渍 15~20 分。

(4)包装、预冷。将护色后的芹菜产品捞出,沥干水分,立即用 PA/PE 复合袋抽真空包装,真空度为 0.07 兆帕,然后送至预冷装置预冷至 3~5℃。

(5)冷藏、销售。预冷后的产品再用塑料箱包装,送冷藏库冷藏或配送销售,温度保持在 3~5℃。

(八)鲜切生菜

1. 工艺流程

原料选择→清洗→切分→护色→包装、预冷→冷藏、销售。

2. 操作要点

(1)原料选择。挑选新鲜、无病虫害及损伤、无机械损伤、大小一致绿色无公害的生菜。

(2)清洗、切分。用清水冲洗干净,将生菜切成 1.5 厘米宽的叶片。

(3)护色。将切分后的生菜立即转入 0.25% 抗坏血酸、0.2% 柠檬酸、0.2% 氯化钙的混合护色液中,浸渍 15~20 分。

(4)包装、预冷。将护色后的生菜产品捞出,沥干水分,立即用 PA/PE 复合袋抽真空包装,真空度为 0.07 兆帕,然后送至预冷装置预冷至 3~5℃。

(5)冷藏、销售。预冷后的产品再用塑料箱包装,送冷藏库冷藏或配送销售,控制温度在 3~5℃。

(九)鲜切韭菜

1. 工艺流程

原料选择→清洗→切分→护色→包装、预冷→冷藏、销售。

2. 操作流程

(1)原料选择。挑选新鲜、无病虫害、无机械损伤、大小一致绿色无公害的韭菜。

(2)清洗、切分。用清水冲洗干净,将韭菜切成 4~6 厘米长条。

(3)护色。将切分后的韭菜立即转入 0.25% 抗坏血酸、0.2% 柠檬酸、0.2% 氯化钙的混合护色液中,浸渍 15~20 分。

(4)包装、预冷。将护色后的韭菜产品捞出,沥干水分,立即用 PA/PE 复合袋抽真空包装,真空度为 0.07 兆帕,然后送至预冷装置预冷至 3~5℃。

(5)冷藏、销售。预冷后的产品再用塑料箱包装,送冷藏库冷藏或配送销售,控制温度在 3~5℃。

(十)鲜切马铃薯

1. 工艺流程

原料选择→清洗、去皮→切分、护色→包装、预冷→冷藏、销售。

2. 操作要点

(1)原料选择。挑选大小基本一致、无腐烂、无病虫害、芽眼小的马铃薯。可将马铃薯暂时贮存于 3~5℃ 的冷库中备用。

(2)清洗、去皮。可采用化学去皮、机械去皮的方法。去皮后的马铃薯应立即转入清水或 0.1%~0.3% 的食盐水中进行护色。

(3)切分、护色。可采用切片机,根据客户需求,可将马铃薯切分成不同的形状,如片、块、丁、条等。切分后的马铃薯立即转入 0.25% 抗坏血酸、0.2% 柠檬酸、0.2% 氯化钙的混合护色液中,浸渍 15~20 分。

(4)包装、预冷。将护色后的马铃薯产品捞出,沥干水分,立即用 PA/PE 复合袋抽真空包装,真空度为 0.07 兆帕,然后送至预冷装置预冷至 3~5℃。

(5)冷藏、销售。预冷后的产品再用塑料箱包装,送冷藏库冷藏或配送销售,温度保持在 3~5℃。

(十一)鲜切圆白菜

1. 工艺流程

原料选择→清洗、切分→护色→包装、预冷→冷藏、销售。

2. 操作要点

(1)原料选择。挑选新鲜、无病虫害、无机械损伤、大小一致绿色无公害的圆白菜。

(2)清洗、切分。用清水冲洗干净,将圆白菜切成1.5厘米宽的叶片。

(3)护色。将切分后的圆白菜立即转入0.25%抗坏血酸、0.2%柠檬酸、0.2%氯化钙的混合护色液中,浸渍15~20分。

(4)包装、预冷。将护色后的圆白菜产品捞出,沥干水分,立即用PA/PE复合袋抽真空包装,真空度为0.07兆帕,然后送至预冷装置预冷至3~5℃。

(5)冷藏、销售。预冷后的产品再用塑料箱包装,送冷藏库冷藏或配送销售,温度保持在3~5℃。

(十二)鲜切冬瓜

1. 工艺流程

原料选择→清洗、去皮、去瓤→切片→保鲜液处理→沥干、称重、装盘、预冷→冷藏、销售。

2. 操作要点

(1)原料选择。选择表皮色泽翠绿、新鲜、无病虫害及无机械损伤的冬瓜。

(2)清洗、去皮、去瓤。用清水冲洗冬瓜表皮上的灰尘和土,采用手工或机械去皮。去皮后,剖开冬瓜,去掉瓤和籽。

(3)切片。采用手工或机械切片,切成规格为长×宽×厚为5厘米×3厘米×7毫米的冬瓜片。

(4)保鲜液处理。置于0.1%柠檬酸或者0.5%抗坏血酸的溶液中浸泡3分。

(5)沥干、称重、装盘、预冷。沥干水分,立即用PA/PE复合袋抽真空包装,真空度为0.07兆帕,然后送至预冷装置预冷至3~5℃。

(6)冷藏、销售。预冷后的产品再用塑料箱包装,送冷藏库冷藏或配送销售,温度保持在3~5℃。

第八章
鲜切果蔬保鲜的新技术

章节要点

1. 鲜切果蔬杀菌新技术。
2. 鲜切果蔬包装新技术。
3. 果蔬粉的加工。

第一节　鲜切果蔬杀菌新技术

近年来,鲜切果蔬常与大肠杆菌 O157:H7 和沙门菌等引起的食源性疾病联系起来。这主要是由于鲜切果蔬在加工及流通中,通常处于低酸性和高水分活度的环境中,且切分造成的伤口不仅给微生物的侵染带来了方便,而且也为微生物侵染后的繁殖提供了充足的水分和营养等条件,因而这类产品极易受到外界微生物的污染。因此,如何控制鲜切果蔬生产中及生产后微生物的影响是需要认真对待的关键问题。目前,在鲜切果蔬上已分离和鉴定的微生物主要以细菌为主,也有一定量的霉菌和酵母菌。而且,不同果蔬上微生物类群差别很大。几种果蔬混合在一起时,可使微生物的类群发生改变,情况会更复杂,增大了控制的难度。在鲜切果蔬生产过程中必须采取行之有效的措施,减少微生物的数量,特别是对有害微生物应加以严格控制,使鲜切果蔬符合食品卫生的有关规定和要求,还要注意鲜切果蔬贮藏销售期间残存微生物的生长繁殖和微生物的再次侵染。

在鲜切果蔬加工中,对微生物的控制方法可以分为化学法和物理法。化学法是指运用一些化学药物直接杀灭微生物或抑制它们的生长繁殖;物理法主要是指通过辐照技术、臭氧等方法以及采用合理的包装、适宜的低温来达到杀灭或抑制微生物的繁殖目的。

一、化学杀菌法

生产中常用的化学杀菌剂种类如下所述:

(一)氯系杀菌剂

如漂白粉、漂粉精、次氯酸钠等,此类杀菌剂以氯为主,在水溶液中形成次氯酸。次氯酸容易穿透细菌的细胞膜进入细胞与胞内蛋白质产生氯化反应使细胞液凝固,可有效杀死细菌。其反应速度快且价格便宜,但是其热稳定性差,且容易与有机物反应生成氯化物残留,对人体产生危害,其应用日益受到限制。

(1)漂白粉。漂白粉是一种混合物杀菌剂,其组成包括氯化钙、次氯酸钙和氢氧化钙,杀菌的有效成分是次氯酸钙等复合物分解产生的有效氯。漂白粉是白色至灰白色的粉末或颗粒,有明显的氯臭,其性质极其不稳定,吸湿性强,在光和热的作用下分解,在水中的溶解度约为 6.9%,易与空气中的二氧化碳反应。水溶液呈碱性,其主要成分次氯酸钙中的次氯酸根(OCl^-)遇酸则释放游离氯,即"有效氯",具有强杀菌、氧化、漂白作用。

漂白粉对细菌、霉菌、酵母、芽孢及病毒均有强杀灭作用。其杀菌效果因浓度、温度、pH 和作用时间等因素而有所差异,其中 pH 的改变对其杀菌效果影响显著,pH 降低能提高其杀菌效果。

(2)漂白精。漂白精又称为高度漂白粉,其化学组成与漂白粉基本相同,但漂白精的纯度更高,有效氯的含量一般为 60% ~ 75%,主要成分仍是次氯酸钙复合物。是白色至灰白色的粉末或颗粒,性质较稳定,吸湿性弱,但遇水和潮湿的空气或经阳光暴晒和温度达到 150℃ 以上,则会发生燃烧或爆炸。在酸性条件下分解,其消毒作用与漂白粉相同,但其消毒效果要比漂白粉高 1 倍。

(二)电解水

电解水是近年来日本开发生产的一种新的消毒水。是用符合饮用水标准的自来水经过前期净化处理、矿物质调节、活性炭吸附、精密过滤等方法将水中的重金属、细菌、有机物、氯、化学物质及各种杂质去除，然后将净化后的水通过特定的电场和选择性离子膜，生成 pH 为 2.3 ~ 6.5 的酸性离子水和 pH 为 7.5 ~ 13 的碱性离子水。酸性电解水具有高氧化还原电位和低 pH，具有杀菌力强，对杀菌对象无选择性、无任何有害物质残留等特点。将酸性电解水应用于鲜切果蔬的杀菌处理，能显著减少鲜切果蔬表面的微生物数量，其效果优于常用的化学杀菌剂，而且处理不会对产品的品质造成不良影响。

（1）电解水的种类。电解水主要是以自来水为原料的食盐水电解后得到，电解水是一种新型机能水，主要通过电解水生成装置电解含电解质的水获得。因其生成方式的不同可分为强酸性电解水、弱酸性电解水、强碱性电解水及弱碱性电解水。其中，强酸性电解水（Acidic Electrolyzed Water，AEW）具有强酸性和高氧化还原电位（Oxidation Reduction Potential，ORP），作为杀菌剂应用时杀菌效果显著，并且具有广谱高效、操作简便、安全无害、环境又好的特点。目前已成为一种应用广泛的新型杀菌剂。中国电解水研究起步较晚，目前电解水的应用主要集中在农业上对鲜食蔬菜的杀菌消毒及食用菌生产过程中的灭菌作用。二槽隔膜式电解槽，其阳极和阴极有隔膜隔开，能生产出可以饮用的碱性水和具有杀菌作用的强酸性电解水；一槽无隔膜式电解槽，其阳极和阴极没有隔膜隔开，能生产出具有一定杀菌作用的弱酸性电解水。

（2）影响电解水杀菌的因素。一是 pH 对杀菌效果的影响，微生物的表面结构存在含有一些两性物质如多糖、寡肽等，当氢离子浓度较大时就会破坏这些结构成分，使细胞膜通透性增加，代谢过程受阻，最终导致死亡。一般来说，微生物发芽时 pH 的范围为 3 ~ 9，生长过程一般要求 pH 在 4 ~ 9。对于 pH 在 2.7 以下的强酸性电解水来说，大多数微生物是不能生存的。当 pH 上升时，会影响有效次氯酸的含量，其杀菌力也将逐渐降低。二是次氯酸对杀菌效果的影响，次氯酸作为杀菌的前体物质，其浓度可直接影响杀菌效果，当提高酸性电解质的 pH 时，会促进次氯酸的离子进程，其杀菌力降低。AEW 的杀菌效果主要依赖于其高氧化还原电位值和有效氯，经过检测，EOW 含有效氯为 10 毫克/升的只产生 0.4 毫克/升的气体氯，而当 AEW 含有效氯达到 55 毫克/升时，气体氯超过了 16 毫克/升，对环境造成极大的危害，所以，在生产使用时必须适当地控制 AEW 中有效氯的含量。三是氧化还原电位对杀菌效果的影响，不同微生物其氧化还原电位的生存范围是不同的，好氧性微生物的 ORP 范围为 + 200 ~ + 820 毫伏，厌氧性微生物的 ORP 范围为 - 700 ~ - 100 毫伏。新制备的强酸性电解水其氧化还原电位值高达 + 1.1 伏，对微生物具有强烈的抑制作用。当氧化还原电位值

下降到 +500 毫伏以下时,强酸性电解水的杀菌效果则会大幅度降低。

(三)二氧化氯

是一种新型杀菌剂,具有氧化和氯化的双重作用。其作用机理是二氧化氯释放次氯酸分子及新生态氧、原子氧。其强氧化作用使病菌、病毒蛋白质中的氨基酸氧化分解,并与果蔬表面的硫化物等有机物作用,除去臭味,其残留生成物为水、氯化钠、微量的二氧化碳和有机糖等无毒物质,不会使蛋白改性。另外,二氧化氯对细菌的细胞壁有较强的吸附和穿透能力,从而有效破坏细菌内含巯基的酶,并快速控制微生物蛋白质的合成,使之失去活性,从而达到消毒杀菌的目的。但是该杀菌剂的价格较高。二氧化氯的消毒灭菌性能如下:

(1)高效、强力。在常用的消毒剂中,相同时间内达到同样的杀菌效果所需的二氧化氯的浓度是最低的。对杀灭异养菌所需的二氧化氯的浓度仅为氯气的1/2。二氧化氯对地表水中大肠杆菌的杀灭作用比氯气强 5 倍以上。二氧化氯对孢子的杀灭作用比氯强。

(2)快速、持久。二氧化氯溶于水后,基本不与水发生化学反应,也不以二聚或多聚状态存在。它在水中的扩散速度与渗透能力都比氯快,特别是在低浓度时更突出。当细菌浓度在 105 ~ 106 个/毫升时,0.5 毫克/升的二氧化氯作用5 分即可杀灭 99% 以上的异养菌;而 0.5 毫克/升的氯杀菌率最高只能达到75%,试验表明,0.5 毫克/升的二氧化氯在 12 小时内对异养菌的杀菌率保持在99% 以上,作用时间为 24 小时,杀菌率才下降到86.3%。

(3)光谱灭菌。二氧化氯是一种光谱型消毒剂,对一切经水体传播的病原微生物均有良好的杀灭效果。二氧化氯除了对一般细菌具有杀灭作用外,对芽孢、病毒、异养菌、铁细菌和真菌等均有良好的杀灭作用,并且不易产生抗药性,特别是对伤寒杆菌。二氧化氯对病毒的灭活效果要比臭氧和氯更有效。

二氧化氯是联合国世界卫生组织确认的一种安全、高效、光谱强力杀菌剂,其有效氯是氯气的 2.63 倍,杀菌能力是氯气的 5 倍,是次氯酸钠的 50 倍以上,它可以杀灭一切微生物,对细菌繁殖体、分枝杆菌等,也有良好的杀灭和抑制效果。

(四)过氧化氢

可采用过氧化氢蒸气处理或是浸渍处理,其主要目的是降低产品表面的腐败菌数量,以延长产品的贮存寿命。研究显示,以过氧化氢蒸气处理 2 ~ 15 分后,利用 PVC 膜包裹于塑胶盘中,再置于 7.5℃贮藏库中贮藏,可延缓鲜切小黄瓜、青椒和夏南瓜的严重细菌性软腐现象,但是此法对防治鲜切胡萝卜、花椰菜等鲜切果蔬的效果不佳。对于鲜切哈密瓜与甜瓜,切片后以 5% 过氧化氢处理,可显著延长货架期。

(1)过氧化氢蒸气处理。鲜切的硬皮甜瓜应该先彻底进行表面杀菌,以减少腐败菌的数量,将整个硬皮甜瓜用 3 毫克/升的过氧化氢蒸气处理 60 分,可有效减少微生物的数量,并可使贮藏于 2℃下的甜瓜贮藏期延长至 4 周。

(2)过氧化氢浸渍处理。将不同种类的鲜切果蔬浸渍于 5% 或 10% 的过氧化氢溶液中 0.5 ~ 5 分,观察产品表面产生气泡的变化,产生气泡的多少与果蔬自身的过氧化氢酶的活性有关,因过氧化氢酶与残存的过氧化氢反应,使其不会在产品上残留,杀菌效果较明显。

当鲜切甘蓝、鲜切莴苣、削皮的马铃薯、青椒丝和黄瓜切片等,浸于过氧化氢溶液中时,都激烈地产生气泡;而花椰菜、芹菜与番茄以相同方式处理时,仅有微量气泡或无气泡产生。此处理对大多数蔬菜外观无影响,对鲜切莴苣会产生严重褐变,而对未削皮的马铃薯外皮有轻微漂白。

苹果、樱桃、梨和草莓中的过氧化氢酶活性较低,处理后仅有少量气体甚至无气体产生,因此该类鲜切果蔬可能有过氧化氢残留的问题;而草莓中的花青素则会被过氧化氢漂白而产生色变,并且色变程度会随着过氧化氢浓度与处理时间的增加而更加严重,除了漂白外,还有脱水现象。因此,此种处理方法可能不适合处理这些果蔬。

(3)延长贮藏寿命。过氧化氢处理的主要目的是减少产品表面的腐败菌数量,以延长产品的贮藏寿命。对于鲜切甜瓜与哈密瓜,切片后如以 5% 过氧化氢处理,可明显地改善其贮藏寿命。当把果蔬类切片置于过氧化氢溶液中时,由于过氧化氢酶的作用,会有很多气泡产生,出现过多气泡时会干扰产品的处理与洗涤去除残留过氧化氢的过程,因此也可加入一些消泡剂,减少泡沫的影响。过氧化氢处理对产品的风味、味道与外观无不良影响,但是水洗过程会对一些鲜切果蔬的香味可能会有所损失。

(4)对微生物的影响。过氧化氢处理可以延长鲜切果蔬的贮藏寿命,原因是在清洗液中的过氧化氢对细菌的致死作用以及去除作用。如果仅以水清洗,则处理后的细菌将在没有感染的产品表面上再次生长。经研究显示,用过氧化氢溶液处理可将果蔬表面污物上的细菌洗下并渍入过氧化氢溶液而被杀死,杀菌抑菌效果明显。

(五)臭氧

此杀菌剂具有极强的氧化杀菌特性,能够破坏细菌细胞膜而达到杀菌目的,易于与有机物结合分解为水和二氧化碳,不会产生三氯甲烷等有害物质。而臭氧的强氧化性,可引起细胞活性物质的氧化、变性、失活,对生物细胞具有较强的杀灭作用。使用气态或液态的臭氧,对各类微生物都有强烈的杀菌作用。可杀灭水中所有的细菌、病毒、芽孢、孢子、虫类且无残留,较低浓度的气态臭氧可抑制霉菌和细菌的生长繁殖。

臭氧对各种微生物的强杀菌作用已经有许多研究报道,如有试验表明,用浓度为 0.3 毫克/升的臭氧水溶液处理大肠杆菌和金黄色葡萄球菌 1 分,杀灭率为 100%。臭氧除对蔬菜表面的微生物有良好的灭菌作用外,其强氧化性可将蔬菜产生的乙烯氧化破坏,对延缓蔬菜后熟、保持蔬菜新鲜品质有理想的效果。应用时需要针对不同的果蔬品种来确定合适的处理剂量,虽然高的剂量具有良好杀菌防腐效果,并且一般也不产生残毒,但是高浓度的臭氧可能会对果蔬固有的色泽、香味以及风味等产生不利的影响。

二、物理冷杀菌技术

鲜切果蔬不同于其他果蔬加工品,采用化学杀菌方法可能会对鲜切果蔬造成化学残留,对人体健康造成威胁。生产中也应配合使用一些物理杀菌方法,但是鲜切果蔬的杀菌必须在低温或常温下进行,即冷杀菌技术,又称为非热杀菌技术。常用的方法如下所述。

(一)超高压杀菌

超高压杀菌作为一种新兴食品的非热处理技术,因其具有保持食品固有营养品质、质构、风味、色泽、新鲜程度等优势而成为研究热点。利用超高压技术加工食品,能有效克服传统热加工法处理食品时带来的弊端,在满足能源、解决化学污染和社会对高质量食品需求等方面充分体现出其自身价值。经超高压处理的食品在完成杀菌后,能较好地保持其原有营养成分,且加工后的食品口感佳、色泽鲜艳、保质期延长;超高压食品加工能耗也较传统工艺也有很大程度降低。

目前,食品安全性问题日益突出,而消费者要求食品安全、营养、原汁原味。现在常用的高温热力保鲜处理技术,尽管技术设备成熟,却会导致食品中生物活性物质失活、各种风味和营养物质损失。而超高压技术则能顺应这一发展趋势,它不仅能保证食品在微生物方面的安全,且能较好地保持食品固有的营养品质、质构、风味、色泽、新鲜程度等。

1. 超高压杀菌的机理

超高压杀菌是将鲜切产品以某种方式包装以后,放入液体介质中(一般是水、油等),在 100～1 000 兆帕压力下处理一段时间后,达到灭菌的要求。其基本原理是压力对微生物的致死作用,主要是高压破坏微生物的细胞膜,导致细胞内含物外渗、抑制酶活性和促使细胞内 DNA 变性等。超高压杀菌一般是在低温或常温下操作,非常适合鲜切果蔬的保鲜、杀菌。而一般细菌、霉菌、酵母在 30 兆帕的压力下可被杀死,钝化酶失活则要 400 兆帕的压力,杀灭芽孢则需要 600 兆帕的压力或更高。与热力杀菌相比,高压杀菌较多地保留了食品中的原有成分,对食品的风味破坏相对较小。

2. 超高压杀菌的优点

超高压杀菌技术作为一种物理方法在不加热或不添加化学防腐剂的条件下杀死致病菌和腐败菌,从而保障了食品的安全、延长了食品的货架期;超高压杀菌技术作为一种非热加工手段,在杀菌过程中没有温度的剧烈变化,不会破坏共价键,对小分子物质没有影响,能较好地保持食品原有的色、香、味以及功能和营养成分;超高压技术不仅能够杀灭微生物,而且能够使淀粉成糊状、蛋白质成凝胶状,从而可获得与加热处理不一样的食品风味。超高压技术采用液态介质进行处理,易于实现杀菌均匀、瞬时及高效。

3. 影响超高压杀菌的主要因素

第一,温度对超高压杀菌的影响。像在常压下一样,在高压下,低温和高温也会对微生物有影响,并且会加剧高压对微生物的影响。而这主要是由于微生物对温度的敏感性。在低温下微生物的耐压程度会降低,这主要是由于压力使低温下细胞内因冰晶析出而破裂的程度加剧,所以,低温对高压杀菌具有促进作用。在同样的压力下,杀死相同数量的细菌,温度高则杀菌时间短。这是由于在一定温度下,微生物中的蛋白质、酶等会发生一定程度的变性。因此,适当提高温度对高压杀菌也具有促进作用。

第二,pH 对超高压杀菌的影响。pH 会影响抑制微生物生长所需的压力。压力一方面会改变介质的 pH,例如,中性磷酸盐缓冲液在 680 个标准大气压下,pH 将会降低 0.4;另一方面,会缩小微生物生长的 pH 的适应范围,pH 的略微升高会使所需的压力或杀菌的时间大大减小,可能是压力影响了细胞膜的缘故。

第三,微生物的生长阶段对超高压杀菌的影响。微生物在生长期,尤其是对数生长期,对压力特别敏感。比如,大肠杆菌在 100 兆帕压力下,20℃时需 124 小时,36℃时需 36 小时,而在 40℃时只需 12 小时。这主要是因为大肠杆菌的最适生长温度为 37 ~ 42℃。在此温度范围内,大肠杆菌处于生长期,此时杀菌所需的时间最短,杀菌效率高。

第四,食品成分对超高压杀菌的影响。食品的成分复杂,组织形态各不相同,因此对高压杀菌的影响也比较复杂,一般来说,食品中富含营养成分或高糖高盐时,高压杀菌就变得困难。糖类浓度越高,微生物在高压下的致死率越低。盐浓度越高,在高压下的致死率越低,其他微生物也有类似表现。然而,在食品中加入适量的脂肪酸或乙醇等,其杀菌效果会明显增强。

4. 超高压杀菌的应用

目前,在国外超高压灭菌已在果蔬、酸奶、果酱、乳制品、水产品、蛋制品、高黏食品等生产中取得了一定的应用。超高压处理水产品可最大限度地保持水产品的新鲜风味。例如,在 600 兆帕压力下处理 10 分,可使水产品中的酶完全失活,细菌数量大大减少,且完全呈变性状态,色泽为外红内白,仍保持着原有的生鲜味。超高压杀菌在果酱加工中的应用,在果酱加工过程中采用超高压杀菌,不仅可以杀灭微生物,而且还可以使果肉糜烂成酱,简化生产工艺,提高产品的质量。在这方面应用最成功的是日本明治层食品公司采用室温下加压 400 ~ 600 兆帕、10 ~ 30 分的方法来加工苹果酱、草莓酱和猕猴桃酱,所制得的产品保持了新鲜果蔬的色、香、味。

超高压处理过程是一个纯物理过程,瞬时压缩,作用均匀,操作安全,无化学添加剂,无须加热并且在常温或低温下进行,其工艺简化,节约能源,无"三废"污染。

(二)超声波杀菌

超声波是一种频率超过人类听觉范围的机械波(> 16 千赫兹)。根据超声波的频率和产能的大小,超声波可以分为低频率高场强(频率为 16 千赫兹 ~ 100 千赫兹,场强为 10 ~ 1 000 瓦/厘米^2)和高频率低场强(频率为 100 千赫兹 ~ 1 兆赫兹,场强 < 1 瓦/厘米^2)两种范围。高频率低场强的超声波主要应用于食品物理化学性质的分析技术,以测得如食品的硬度、糖含量、酸度等。低频率高场强的超声波可以产生空穴效应,通过在介质中传播时产生的强大的压力、剪切力改变食品物料物理及化学的特性,从而对食品的品质产生影响,在近些年中引起国内外学者的关注。

超声波是一种有效的辅助灭菌方法,超声波灭菌的特点是速度较快,无外来添加物,对人体无害,对物品无损伤,但灭菌不彻底,影响因素较多。虽然30年代初,相关研究者就已开始超声波灭菌的研究,但始终进展不快,目前主要用于辅助灭菌。超声波可以加强过氧化氢的杀菌作用,使其杀芽孢时间从25分缩短到10~15分,用超声波与臭氧协同杀菌,效果更加显著。

超声波对细菌的作用与声强度、作用时间、频率等密切相关。如伤寒杆菌可以用频率为4.6兆赫兹的超声波全部杀死;还发现,用960兆赫兹的超声波辐照20~75纳米的细菌,比8~12纳米的细菌破坏得多且完全得多,而杆状细菌要比圆形球菌易于被超声波杀死,但是芽孢杆菌的芽孢不易被杀死。

超声波辐照强度、频率、温度及时间都会影响超声波对细菌及病毒的杀菌效果,但是每个参量的规范都还在摸索中。经研究发现,在温度升高时,超声波对细菌的破坏作用会加强。如果超声波的强度不变,则细菌的数量会随着作用时间的增加而逐渐下降,经过30~40分就会使细菌灭绝;如果辐射时间和强度不变,则频率的提高也会对细菌产生更强烈的杀伤作用。在同样的作用时间下,此效应随着辐射强度的提高而增长。

目前,将超声波用于鲜切果蔬的清洗,一方面,是利用超声波在洗涤液中传播时边产生氧气泡边消失的运动,产生强水压;另一方面,由超声波对洗涤剂产生乳化作用,更有助于果蔬的去污,同时不易产生机械损伤。

(三)紫外线杀菌

紫外线灭菌是一种传统、有效的消毒方法,波长在190~350纳米,其中260纳米左右的波长为DNA、RNA的吸收峰,它使DNA的嘧啶基之间产生交联,成为二聚物,抑制DNA复制,导致微生物突变或死亡。紫外线的杀菌能力很强,对细菌、霉菌、酵母、病毒等各类微生物都有显著的杀灭作用。但是紫外线的穿透能力较差,通常只能对样品表面进行灭菌。

1. 紫外线杀菌的机制

紫外线的杀菌消毒主要是通过紫外线对微生物的辐射,当生物体内的核酸,包括核糖核酸(ribonucleic acid, RNA)和脱氧核糖核酸(deoxyribonucleic acid, DNA)吸收了紫外线的光能后,改变了DNA的生物学活性,导致核酸的键和链的断裂、股间交联和形成光化产物,使微生物不能复制,造成致死性损伤;同时还会对其他的细胞成分造成影响。

2. 紫外线对产品表面杀菌的照射剂量和时间

不同种类的微生物对紫外线的敏感性不同,用紫外线杀菌时必须使用照射剂量达到杀灭目标微生物所需的照射剂量。杀灭一般细菌繁殖体时,应使照射剂量达到 20 000 微瓦·秒/厘米^2;杀灭细菌芽孢时应达到 100 000 微瓦·秒/厘米^2;病毒对紫外线的抵抗力介于细菌繁殖体和芽孢之间;真菌孢子的抵抗力比细菌芽孢更强,有时需要照射到以对 600 000 微瓦·秒/厘米^2。

3. 紫外线杀菌的特点

波长为 254 纳米时具有最佳杀菌效果,而波长为 320 纳米时几乎没有杀菌作用,且研究表明,波长为 250~260 纳米的紫外线杀菌效果最强、杀菌效果好、工艺简便,且环保;其杀菌种类多,长波紫外线(UVC)对大多数微生物(如细菌、病毒、酵母和丝状真菌等)都具有杀灭作用。

4. 紫外线杀菌的优点

一是杀菌范围广且迅速,处理时间短,在一定的辐射强度下一般病原微生物仅需十几秒即可杀灭,能杀灭一些氯消毒法无法灭活的病菌,并且还能在一定程度上控制一些较高等的水生生物如藻类和红虫等;二是一体化的设备构造简单,容易安装,小巧轻便,占地少,且容易操作和管理,容易实现自动化,设计良好的系统的设备运行维护工作量很少;三是运行管理比较安全,基本没有使用、运输和储存其他化学品可能带来的剧毒、易燃、爆炸和腐蚀性的安全隐患。

5. 紫外线杀菌的缺点

一是孢子、孢囊和病毒比自养型细菌耐受性高,并且没有持续消毒能力,同时可能存在微生物的光复活问题;二是不易做到在整个处理空间内辐射均匀,有照射的阴影区,没有容易检测的残余性质,处理效果不易迅速确定,难以检测处理强度;三是较短波长的紫外线(低于 200 纳米)照射可能会使硝酸盐转变成亚硝酸盐,因此为了避免该问题应采用特殊的灯管材料吸收上述范围的波长。

(四)辐照杀菌

辐照一般分为电离辐射和非电离辐射两种。电离辐射包括 γ 射线、高能电子束和 X 射线等,非电离辐射包括紫外线、红外线等。食品辐照技术是利用电离或非电离辐射处理食品,以起到杀灭细菌、病毒以及杀虫的作用,是一种延长食品贮藏时间和改善品质的食品处理技术。

1. 辐照杀菌的机理

辐照杀菌是利用电子射线照射鲜切果蔬,从而引起微生物发生一系列的物理化学反应,使微生物的新陈代谢、生长发育受到抑制或破坏,致使微生物死亡,延长产品的货架期。采用 0.19 千戈瑞的辐射剂量处理鲜切生菜,8 天后未辐射的生菜上细菌总数为 220 000cfu/克,而经辐射处理的只有 290cfu/克。联合国专家委员会明确规定辐照剂量小于 10 千戈瑞时,不会产生毒理学危害,不引起特殊的营养学和微生物问题。然而,辐射处理改变了果蔬组织的细胞隔膜通透性,因此,在一定程度上会加剧酶促褐变的发生。并且完全杀菌所用辐照剂量较高,将造成副作用而使食品不同程度地引起变质。因此,在操作时要尽量采用低温辐照、缺氧辐照,或是添加增感剂、食品保护剂以及选择最佳的辐照时间等,这样对于进一步减轻辐照对食品的副作用是完全可能的。

2. 辐照杀菌的优点

辐照处理是"冷加工",在常温下进行,不会引起内部温度升高,可以较好地保持食品原有的鲜度和风味,并且还可对冻结状态的食品进行灭菌;在包装条件下处理且处理过后不会留下任何残留物,不污染环境;辐照杀菌的适应范围广泛,且其杀菌效率高,节约能源,辐照杀菌与冷藏、热处理和干燥相比,可节约 70% ~ 90% 的能源。

3. 辐照杀菌的影响因素

第一,温度对辐照杀菌的影响。在冻结状态下,微生物对放射线的抵抗性为一般状态下的以至于间接致死的效果降低;另一方面,从辐照对食品成分的破坏程度来看,温度的影响相当大,表现为温度高、破坏性大。所以,为了使杀菌的副作用尽量地减小,还是尽可能地在低温下进行比较好。

第二,氧气对辐照杀菌的影响。当放射线照射微生物时,氧气的有无对辐照杀菌的效果有显著的影响。一般来说,有氧气存在的情况下,放射线杀菌的效果较好。例如,沙门菌在厌氧状态下,对放射线的抵抗力是通气状态下的 3 倍。另一方面,就放射线对食品成分的破坏性而言,则是厌气为优。在厌气状态下的破坏程度不到通气状态下的 1/10。因此实际应用放射线作为食品杀菌剂时,是在厌气状态下进行的。

第三,保护物质和增感物质对辐照杀菌的影响。将试验物质放在 pH 7.0、0.1 摩尔/升的磷酸缓冲液中,进行 D 值比较,使 D 值增高的(对有机物质具有保护作用)成为保护物质,使 D 值降低的(促进杀菌)成为增感物质。葡萄糖、氨基酸等以及其他对微生物体有保护作用的一些成分,对微生物放射线的辐照具有保护作用,是保护物质;经研究发现,增感物质的种类较多,如碘乙酸等,可以使微生物对放射线的感受性提高 10 ~ 100 倍。因此,加入这样的物质后,射线的杀菌剂量可以减少至原来的 1/10~1/100,但是目前能够用于食品中的只有维生素 K。

(五)脉冲电场杀菌

脉冲电场杀菌对微生物的作用机理尚未完全明确,但多数学者认为,微生物细胞膜内外本就存在有一定的电位差,当有电场存在时可加大膜的电位差,细胞膜通透性提高。当电场强度增大到一定程度时,细胞膜的通透性剧增,膜上出现小孔,膜的强度降低。由于所加电场为脉冲电场,在短时间内电压会产生剧烈波动,使膜上产生振荡效应。微生物细胞膜上孔的加大及振荡效应的作用使细胞结构被破坏,菌体死亡,达到杀菌目的。脉冲电场对微生物有良好的杀菌效果。脉冲电场的杀菌特点:

(1)杀菌时间短、效率高、能量消耗远小于热处理法。

(2)此反应发生在细胞内,因而对非细胞结构的液态食品体系中的营养成分和风味物质基本没有影响,可以高质量地保存食品的天然特性。

(3)脉冲电场杀菌在常温常压下进行,与加热法相比更能有效地保持食品原有的色、香、味及营养成分。

(4)影响脉冲电场杀菌的因素。

1)对象菌的种类。不同菌种对电场的承受力有很大的不同,无芽孢菌较有芽孢菌易于杀灭;革兰阴性菌较革兰阳性菌易于杀灭。在其他条件均相同的情况下用电场灭菌,存活率由高到低为:霉菌、乳酸菌、大肠杆菌、酵母菌等。同时,对象菌所处的生长期也对杀菌效果有一定的影响,处于对数期的菌体要比处于稳定期的菌体对电场更为敏感。

2)原始菌浓度及其悬浮介质浓度。研究发现,对菌数高的样品与菌数低的样品在相同温度下施加相同时间的脉冲,前者菌数下降的对数值要比后者大得多。介质的浓度和黏度也会影响杀菌的效果,比如对鲜果汁杀菌的效果要比对浓缩果汁杀菌效果好得多。

3)电场强度。电场强度对杀菌效果影响最显著,增加电场强度、对象菌的存活率明显下降。

4)处理时间。杀菌时间是各次放电释放的脉冲时间的总和。随着杀菌时间的延长,对象菌的存活率开始急剧下降,然后趋缓,逐渐变平,最后再延长杀菌时间并无多大作用。

5)处理时的温度。随着处理温度的不断上升(在 24~60℃范围内),杀菌效果有所提高,并且其提高的程度一般在 10 倍以内。

6)介质的电导率。介质的电导率影响放电的脉冲次数和脉冲强度,介质的电导率提高,脉冲频率会上升,脉冲的宽度则下降。因此,电容器放电时、脉冲数目不变,即杀菌脉冲时间下降,从而杀菌效果相应地降低。

7)脉冲频率。提高脉冲频率,则杀菌效果增强。这是因为频率提高后,对于每一次电容器放电来说,具有更多的脉冲数目,因而指数衰减曲线的下降得到了减缓。从而保证了更长的杀菌处理时间。

8)介质的 pH。在正常的 pH 范围内,对象菌存活率无明显的变化,可以认为,pH 对脉冲电场杀菌无增效作用。但是有的研究则认为,电场杀菌的效果与液态食品的酸碱度即 pH 无关;大多数微生物的最佳生长环境的 pH 在 6.6 ~ 7.5,加入氢氧化钠或氯化氢等可以调节溶液的 pH,使其偏离最佳生长区;在采用脉冲电场杀菌时,当微生物的细胞膜形成穿孔后,细胞周围的介质渗入细胞,使其体内酸碱平衡受到破坏,从而促进其失活,显著地提高了杀菌的效果。

脉冲电场杀菌是利用食品的非热物理性质,它具有温升小(一般在 50℃ 以下)、能量消耗低、操作费用低等优点,其经济效益非常显著。由于脉冲电场杀菌不加热且时间短,因此,在冷杀菌工艺中有着广阔的市场前景。

第二节　鲜切果蔬包装新技术

包装是保持鲜切果蔬外观品质、质地品质、营养品质和风味品质的重要生产环节。在鲜切果蔬产品包装上应用最广泛的包装材料是聚乙烯(PE)、聚丙烯(PP)、高压低密度聚乙烯(LDPE)和聚氯乙烯(PVC)。复合包装薄膜通常用乙烯 – 乙酸乙烯共聚物(EVA),这些包装材料能有效地隔氧、隔光,可以满足不同的透气率。由于鲜切果蔬的呼吸强度比完整果蔬大,若包装材料的透气性不佳,会导致缺氧呼吸,从而引起乙醇、乙醛等异味物质的产生,影响产品的风味。因此,通常会根据鲜切果蔬的种类选择包装材料的薄厚或透气率大小和真空度。

目前,国内外除了采用一般薄膜进行包装外,相关研究还都注重新型多功能保鲜性包装材料的研究开发,如通过微孔或改进薄膜配方结构、改良包装袋内的气调环境以及使用除氧剂与选择性透过薄膜组合、可食膜包装、减压包装以及气调包装等技术来达到鲜切果蔬的保鲜目的。下面简单地介绍几种新型包装材料。

一、薄膜包装

采用薄膜包装一直都是鲜切果蔬的包装形式,近年来,开发新型可降解和多功能的薄膜包装材料是鲜切果蔬包装的研究热点。

(一) 微孔薄膜

所谓微孔薄膜就是在薄膜上制作规定大小和规定数量的微孔,微孔孔径一般在 $0.01 \sim 10$ 微米,以此来增强薄膜的渗透性能,加强气体的交换,以利于袋内气体的自动调节,防止氧气浓度过低或二氧化碳浓度过高引发无氧呼吸而产生大量的乙醇和乙醛等挥发性物质积累而影响产品风味。微孔薄膜具有优良的透气性能、透湿防水性能、透气速率可调和加工成本低廉的优势。微孔薄膜特别适合具有较高代谢活性的鲜切果蔬包装。

(二) 纳米复合包装材料

纳米复合包装材料是由纳米颗粒与其他包装材料复合制成的纳米复合包装材料,大多为聚合物基纳米复合材料(PNMC),即将纳米颗粒分散在柔性高分子聚合物中而形成复合材料。目前已经研发出的几种适用于果蔬包装的纳米材料,如纳米分子筛保鲜薄膜、纳米银保鲜薄膜和纳米二氧化钛保鲜薄膜等。研究发现纳米袋具有良好的透氧性能,在贮藏期内通过缓慢的自发气调形成低氧高二氧化碳的微环境,从而抑制呼吸强度,减少自由基生成,延缓衰老,透湿性能显著地降低鲜切菜的水分蒸腾速率,保持鲜切马铃薯丝鲜活的销售状态。另外,研究发现纳米包装的鲜切马铃薯丝在贮藏后期虽色泽正常,但酒味严重,无氧呼吸严重,可见纳米膜的透氧透湿性能还有待于进一步研究与完善,使其更好地适应产品的代谢特性,进一步延长货架期。

(三) 乙烯吸附薄膜

果蔬切割后会产生伤乙烯,它的存在必然会使细胞加快熟化,使之过熟腐烂。将多孔性的矿物质粉末(沸石、方英石等)混炼在塑料薄膜中,就可以制得能吸附乙烯气体的保鲜薄膜。用乙烯吸附薄膜包装鲜切果蔬可以吸收包装袋中的乙烯,减缓袋内果蔬的呼吸作用,再利用包装薄膜具有一定的阻隔氧和二氧化碳的作用,可以使包装了的果蔬经过 1~2 天后,经袋内呼吸作用而自然地达到冬眠条件,延缓鲜切果蔬的衰老。

(四)可降解的新型生物杀菌包装材料

由于人们对使用化学杀菌剂可能危害人体健康和造成污染环境等问题的担忧,以及塑料薄膜包装需求量急剧增加所带来的"白色污染",人们对包装材料的功能已转向安全、无毒的绿色包装材料。可降解的新型生物杀菌包装是当前国际食品包装的新热点。它是利用一些可降解的高分子材料,在其中加入生物杀菌剂,起到了防腐保鲜、可降解和不污染环境等多种作用。这种包装材料使用方便,特别适用于鲜切果蔬产品的包装,在今后的新鲜食品包装中将具有广泛的应用前景。

二、可食膜包装

可食膜包装鲜切果蔬是近年来鲜切果蔬包装的研究热点之一。可食膜一般是以可食性材料为成膜基质,通过浸渍或喷洒等形式,覆盖于产品表面,具有减少水分损失、阻止氧气进入、抑制呼吸、延迟乙烯产生、防止方向成分挥发并能夹带延迟变色和抑制微生物生长的添加剂的作用。常采用的涂膜材料有多糖类、脂质等,如壳聚糖、海藻酸钠、卡拉胶、羧甲基纤维素钠等。

涂膜保鲜材料的性能要求:要有一定的黏度且易于成膜,具有良好的阻隔性能,可以减缓食品中水及其他成分的扩散,阻止食品中风味物质的挥发;形成的膜是均匀的、连续的,具有良好的保鲜作用;无毒、无异味,与食品接触不产生对人体有害的物质。

(一)多糖类涂膜保鲜剂

多糖涂膜保鲜是将多糖物质制成适当浓度的溶液,通过浸渍、涂布等方法在果蔬表面形成薄膜,其成膜材料大多取自农产品,成本低廉,资源丰富,易加工,且易制得高纯度物质。由于多糖特殊的分子结构,其化学性质稳定,适宜长时间贮藏。常用的多糖类可食用膜主要有壳聚糖、海藻酸钠、纤维素、淀粉和魔芋葡甘聚糖等。

1. 壳聚糖及其衍生物

壳聚糖及其衍生物是一种天然的抗菌剂,其在细菌、抗真菌方面效果显著。壳聚糖是以虾、蟹壳为原料制得的一种天然高分子化合物,其主要成分是脱乙酰甲壳素的衍生物,具有高效、无毒、价廉的特点,可以被水洗掉,也可以被生物降解,不存在残留毒性的问题。在众多的壳聚糖衍生物中,羧甲基化壳聚糖最易溶于水,对藻类、细菌和霉菌等微生物都有抑制作用。研究显示,壳聚糖分子的脱乙酰度越高,膜的溶胀性越低。壳聚糖的分子量对膜性质也有显著影响,分子量越低,膜的抗拉强度越低,通透性越强;分子量越高,分子晶型结构也越多,因此膜的拉伸强度越高,膜的通透性也越差。此外,壳聚糖还具有一定的抗菌防腐作用,对革兰阳性菌、革兰阴性菌和白色念珠菌都有较强的抑菌作用。

2. 海藻酸钠膜

海藻酸是糖醛酸的多聚物,和其他多糖一样,具有良好的成膜性。它具有良好的溶解性,可溶于水,但不溶于有机溶剂,具有良好的增稠性、稳定性、成膜性和絮凝性;但海藻酸钠有很大的亲水性,成膜后弹性、强度等不太理想,单一的海藻酸钠溶液可以涂膜,但是可塑性不好、易失水干燥、无光泽等;而在海藻酸钠中添加甘油可达到增塑的目的。研究海藻酸钠涂膜金冠苹果,发现海藻酸钠涂膜可保持果肉硬度、降低果蔬的呼吸强度和乙烯的释放速率,减少果实中活性氧的生成,降低脂肪过氧化程度,保持细胞膜的完整性并使果实保持较低的酶活性,从而延缓果蔬的衰老。相关研究表明,采用水解胶原、海藻酸钠、纳米粒子复合保鲜液用于水果涂膜保鲜的研究,发现该膜具有良好的保鲜效果。

3. 纤维素及其衍生物

因纤维素膜本身的结晶度高,在水中不糊化,不能成膜,必须对其进行化学改性。纤维素及其衍生物常与其他多糖(如羧甲基壳聚糖)或蛋白质(如玉米醇溶蛋白)复配使用。改性后的纤维素溶解度大大提高,并且具有良好的成膜性,但是对气体的渗透阻隔性差,通常需加甘油、脂肪酸等改善其性能。如以羧甲基纤维素、甲基纤维素、羧基丙基纤维素等材料为原料,琼脂、软脂酸和硬脂酸为增塑剂,制得半透明、光滑、入口即化的可食性膜。抗拉强度高,具有热封性、阻隔气体、阻油、阻湿的优良特性。含有防腐剂的甲基纤维素和壳聚糖膜混合制成的膜具有明显的抗菌性质。

4. 魔芋葡甘聚糖

魔芋葡甘聚糖是从魔芋块茎中提取的天然高分子物质,它具有易溶于水,不溶于甲醇、乙醇等有机溶剂,同时还具有良好的束水性、胶凝性、黏稠黏结性和成膜性等特性,在食品、化工、医药中得到广泛的应用。随着果蔬保鲜剂的兴起,葡甘聚糖因其溶液黏度大,稳定性高,结膜细密而被用作保鲜剂的活性成分。近几年,葡甘聚糖广泛地应用于各种果蔬(葡萄、芒果、香蕉、荔枝、番茄、辣椒等)的保鲜,并取得了良好的保鲜效果。

5. 淀粉及其衍生物

据报道,英国研制出了一种可食用性的果蔬保鲜剂,以蔗糖、淀粉、脂肪酸和聚酯物等调配成的半透明乳液,可用喷雾或浸渍的方法覆盖于柑橘、苹果、西瓜和番茄等表面,保鲜期可以达到 200 天以上。因为这种保鲜剂能在水果表面形成一层致密的薄膜,所以能够阻止氧气进入水果内部,因此可以延长水果的熟化过程,从而起到保鲜的作用。在淀粉基可食性膜中添加不同量的软脂酸和甘油,并用于番茄的保鲜试验。试验结果表明,可食性膜成分中脂类和增塑剂对膜的透过性有显著影响,且在试验范围内涂膜番茄的糖损失和失重在保藏中明显低于没有涂膜的番茄。

(二)蛋白质涂膜保鲜剂

蛋白质膜是以蛋白质为膜的基材,主要来自动物分离蛋白和植物分离蛋白,利用蛋白质的胶体性质,同时添加辅助剂制成的可食性膜,其具有营养价值高、口感好、易消化和透明性强等特点。蛋白质类可食性膜具有较好的阻氧性和较高的营养价值,尤其是以大豆蛋白、乳清蛋白或酪蛋白等优质蛋白为基料制成的蛋白类可食性膜,作为包装材料时,人体食用后易消化吸收。以蛋白质为基质的可食性膜主要有大豆分离蛋白膜、乳清蛋白膜、酪蛋白膜、玉米醇溶蛋白膜和小麦面筋蛋白膜。

1. 大豆分离蛋白膜

大豆分离蛋白是一种高纯度大豆蛋白产品,具有良好的乳化性、保湿性和成膜性等多种特性,并且易于获得、价格低廉。由大豆分离蛋白制得的膜具有良好的阻隔性能和机械性能,而且具有较高的营养价值和多种保健作用,在食品工业上应用广泛。以大豆分离蛋白为基质,山梨醇、甘油等为增塑剂,可制成各种用途的可食性膜,保持食品的水分,阻止氧气的进入,并具有良好的强度、弹性和防潮性,提高食品包装的营养价值。刘尚军等利用大豆分离蛋白/淀粉复合膜液对白蘑菇进行涂膜保鲜,能够显著降低其贮藏期内的呼吸强度、开伞率、失重率,有效地抑制多酚氧化酶(PPO)的活性,明显地提高白蘑菇的贮藏品质。

2. 乳清蛋白膜

乳清蛋白是近年来才被用作可食性膜的基质原料。乳清蛋白中含量最多的α-乳白蛋白和β-乳球蛋白,分散度高、水合能力强,呈典型的高分子溶液状态。一般而言,制作乳清蛋白膜主要以乳清蛋白为原料,添加各种辅料,如甘油、山梨醇、羧甲基纤维素(CMC)等为增塑剂研制的各种乳清蛋白可食性膜具有强度高、透氧率低和透明性好等特点。

3. 玉米醇溶蛋白膜

醇溶蛋白是由平均相对分子质量为 25 000~45 000 道尔顿的蛋白质组成的混合物。以玉米中的蛋白质为基质,经乙二醇溶液提炼,甘油或乙酰甘油作为增塑剂制成可食性膜。它具有成膜速度快、安全可靠、对氧气和二氧化碳隔绝性和防潮性都极好等特点。

4. 小麦面筋蛋白膜

用小麦面筋蛋白研制的可食性膜具有柔韧、牢固和良好的隔绝氧气的特点。因工艺上的缺陷,研制出的小麦蛋白质膜透光性差等而限制了它的应用。在制作小麦面筋蛋白膜时,可添加95%的乙醇和甘油处理小麦面筋蛋白,即可得到柔韧、强度高且透明的膜。还可以使用交联剂,则得到的膜具有较低的氧气渗透性,膜的拉伸强度和伸展性比原来提高 4~5 倍。

5. 酪蛋白膜

对酪蛋白的研究表明:酪蛋白酸钙-蜂蜡复合膜的透水率与单纯酪蛋白酸钙膜相比,降低了90%,蜂蜡的适宜添加量为蛋白质的25%。

(三)脂质涂膜保鲜剂

脂质既可以作为主要的成膜物质,又可以作为一种添加剂加入到其他膜中,以改变其他膜的性能。脂质具有疏水性强,易于形成致密的分子网状结构,其极性较低,因此可用于防止产品水分的损失。

常见的脂类物质有植物油、天然蜡类、表面活性剂、乙酰化单甘酯、微生物共聚聚酯等。由于脂质的极性较低,因此它们的主要功能是防止食品水分的损失,所以常用于果蔬的涂层保鲜。

1. 蜡类

可食性蜡类物质与大多数脂类或非脂类膜相比对水分具有更好的隔绝性能,因为蜡类物质基本上是由疏水的长链饱和脂肪酸构成的。其中最有效的是石蜡,其次是蜂蜡。蜡类物质能有效地抑制苯甲酸盐阴离子的扩散,因此用蜡类涂层涂覆在防腐剂和果蔬表面之间,可以使食品表面防腐剂的浓度在较长时间内维持在一个较高的水平上。

2. 表面活性剂

用表面活性剂对果蔬进行涂层处理,可以降低产品的超临界水分活度和水分损失的速率,16~18碳脂肪醇和单硬脂酸甘油酯和单棕榈酸甘油酯是最有效的。

3. 微生物共聚聚酯

微生物共聚聚酯膜是以糖蜜、油脂等作为原料,通过微生物发酵产生的3-羟基丁酯、4-羟基丁酯、3-羟基戊酯、己内酯等经过聚酯制成的一类膜。当前微生物共聚聚酯可食性膜已由英国ICI公司和美国麻省理工学院研究和开发成产品,并引起了各国研究者的重视。该类膜具有光学性能好、透明性好、有光泽、化学性能稳定、质轻密度小、易加工成形和广泛的代用性等特点。

4. 乙酰化单甘酯

乙酰化单甘酯乙酰化程度越高,对水蒸气的隔绝性能就越好。乙酰化单甘酯已经被用作交联剂添加到多糖或蛋白质膜中,以阻止果蔬在贮存期间的脱水。

(四)可食性膜的发展动态

1. 多功能可食性包装膜

主要是利用天然水溶性高分子材料,或是兼用疏水性物质和乳化剂作为膜液,加入各种防腐剂,甚至配加酶制剂等生物活性物,浸涂于农产品或果蔬表面,干燥后形成一层几乎看不见的薄膜,该层膜具有阻温、阻隔气体、防腐败、防虫、抗氧化、抗褐变等特点,并且可以食用。

2. 可降解人造肠衣

对于合成的人造肠衣,比如尼龙肠衣、聚氯亚乙烯肠衣等都已得到广泛的应用,其强度大、有伸缩性、耐蒸煮且使用前不需要用水浸泡;而由于合成材料人造肠衣均不可食用,所以人造食用性肠衣有了良好的发展机会。

3. 香料的微胶囊化技术

运用可食性膜材料微胶囊化,可将液体香料转化为固体,可以把易挥发的香料转变为不易挥发的香料,把分散性较差的香料转变为较易分散的香料,把脂溶性的香料转化为水溶性的香料。而香料的微胶囊化技术还可以提高它的稳定性,避免受到湿气、氧化、紫外线及微生物的影响。当然,可食性包装技术和香料的微胶囊化技术是彼此独立的两大新兴技术,但是两种技术所使用的材料常有相同的来源。因此,在对材料性质的研究和应用等方面,这两种技术可互相促进,共同发展。

近年来,在西欧发达国家塑料包装已逐渐被新型的可食性包装膜所代替。可食性包装膜具有阻隔性、安全性和无污染等优点使其具有更广阔的开发前景。

三、减压包装

减压保鲜技术源于 60 年代美国迈阿密大学教授 Stanley Burg 博士对低气压贮藏方法的初期探索。70 年代在 Burg 的倡导下,低气压贮藏逐步迈向了广泛研究的道路。同时,德国、以色列以及美国的科学家们为低压贮藏技术做出了重要贡献。减压保鲜库的建造以材料、容器设计、自控和食品等专业技术为主,以果蔬采后的生理分析等实验测试为辅。我国在减压贮藏领域的研究起步较晚,但进展较快,在某些技术上取得了突破性的进展。但减压贮藏技术是一项新兴技术,在各方面都有待进一步的、更深层次的研究。

减压包装保鲜技术是将处理好的鲜切果蔬包装在大气压为 40 千帕的坚硬的密闭容器中,并贮存在冷藏温度下的保鲜方法。减压包装保鲜的原理:一方面,是不断地保持减压的条件,抑制乙烯的生成,释放氧气浓度;另一方面,是将鲜切果蔬释放的乙烯从环境中排除,从而达到保鲜的目的。减压包装保鲜有以下几个优点:①降低氧气的浓度、鲜切果蔬的呼吸强度和乙烯生成速度;②鲜切果蔬释放的乙烯随时除掉;③排除促进成熟和衰老的因素;④排除鲜切果蔬释放的二氧化碳、乙醇、乙醛、乙酸乙酯等,有利于减少生理性病害。

(一)减压包装保鲜的理论特点

1. 可达到低氧和超低氧效果

将鲜切果蔬置于密闭容器内,抽出容器内的部分空气,使内部气压下降到一定程度,空气中各种气体组分的分压都相应降低,从而氧气的浓度也相应地降低。因此,减压贮藏可创造出一个低氧或超低氧条件,从而起到类似气调贮藏的作用,在超低氧条件下更易于鲜切果蔬的贮藏。

2. 可促进果蔬组织内气体成分向外扩散

减压贮藏能促进果蔬组织内气体向外扩散,是减压贮藏的重要作用。减压处理能够大大加速组织内乙烯向外扩散,减少内部乙烯的含量。在减压条件下,植物组织其他挥发性代谢产物,如乙醛、芳香物质等都加速向外扩散,这些对防止果蔬的后熟衰老是极其有利的。

3. 可以从根本上消除二氧化碳中毒的可能性

贮藏时,提高二氧化碳浓度使它成为乙烯作用的竞争抑制者,但常会导致某些病害。减压条件下内部乙烯已减少,合成也受到抑制,似乎不再需要高浓度二氧化碳来阻止乙烯的活动。此外,减压贮藏很容易造成一个低二氧化碳的环境,并且可以使产品内部大的二氧化碳分压低于正常空气中的水平,因而从根本上消除二氧化碳中毒的可能性。

4. 抑制微生物的生长发育

由于减压贮藏可创造超低氧条件,因此可以抑制微生物的生长发育及孢子的形成,以减轻某些侵染性的病害。减压贮藏对一些真菌的生长发育有显著影响。减压到37.0千帕以下,则菌丝被覆率减小,生长后延,抑制孢子的形成,压力越低,作用效果越明显。并且可以使高效杀菌气体由表及里,渗入鲜切果蔬组织内部,成功地解决了高湿与腐烂这一矛盾。

因此,减压包装保鲜能降低鲜切果蔬的呼吸强度,抑制乙烯的生成;而且低压可推迟叶绿素的分解,抑制类胡萝卜素的合成,减缓淀粉的水解,酸的消耗和糖的增加等过程,从而延缓果蔬的成熟衰老。并防止和减少各种贮藏病害,如乙醇中毒等,保持鲜切果蔬的品质、色泽、硬度等。在相同贮藏条件下,减压贮藏比冷藏效果更好。

(二)减压包装保鲜的技术特点

1. 贮藏期显著延长

由于减压贮藏具有冷藏的效果和利于组织细胞中有害物质如乙烯等挥发性气体的排出,所以减压贮藏与普通冷藏相比,可以延长果蔬的贮藏期。

2. 贮量大、可多品种混放

由于减压贮藏换气较频繁,气体扩散速率较快,产品在贮藏室内密集堆积,室内各处仍能维持较均匀的温度和气体成分,所以贮量较大,同时减压贮藏可以将产品内的有害物质尽快地排出,防止产品之间互相促进衰老,并且可多品种同放于一个贮藏室内。

3. 具有"三快"的特点

减压贮藏具有快速降氧、快速减压降温和快速排出有害气体成分的特点,由于在真空条件下,空气的各种气体组分分压都相应地迅速下降,因此氧的分压也迅速下降;在减压条件下,果蔬间的呼吸热随真空泵的运行被排出,使温度迅速降低;减压造成果蔬组织内外产生压力差,使果蔬组织内的气体成分向外扩散,避免了有害气体对果蔬的毒害作用,延缓了果蔬的衰老。

4. 可随时出库、入库

由于减压贮藏操作灵活、使用方便,所要求的温度和气体浓度较易达到,所以产品可随时出入库,避免了普通冷藏和气调贮藏产品易受出入库次数影响的不良后果。

5. 延长货架期

经过减压贮藏的产品,在解除低压后仍有后效,其成熟和衰老过程仍然缓慢,因此可延长产品的货架期。

6. 节能、经济

减压贮藏除空气外不需提供其他气体,省去了气体发生器和二氧化碳脱除设备等。由于减压贮藏库的制冷降温与抽真空相互不断地连续进行,且维持压力的动态平衡,所以减压贮藏库的降温速度相当快,果蔬可以不预冷,而直接入库贮藏,特别是在运输方面,不仅节约了时间,且加快了货物的流通速度。

(三)减压包装保鲜的方法

减压贮藏保鲜是将物品放在一个密闭的容器内,用真空泵抽气使之获得较低的绝对压力,以达到所要求的低压。真空泵不断工作,鲜切果蔬不断得到新鲜、低压、潮湿及低氧的空气,有效地抑制由呼吸代谢引起的品质变化。

在减压贮藏中减压处理基本上有两种方式:定期抽气(或称静止式)和连续抽气(或称气流式)。定期抽气是将贮藏容器抽气达到要求真空度后,便停止抽气,以后适时补氧和抽气以维持规定的低压。这种方式虽可促进果蔬组织内乙烯等气体向外扩散,却不能使容器内的这些气体不断向外排出。连续抽气是在整个装置的一端用抽气泵连续不断地抽气排空,另一端不断输入高湿度的新鲜空气,控制抽气和进气量,使产品始终处于恒定的低温低压的环境中。

在减压条件下气体的扩散速率很大,因此产品可以在贮藏室内密集堆积,室内各处仍能维持较均匀的温度和气体成分。由于系统在接近露点下输送,湿度较高,产品的新陈代谢较低,因此产品能保持良好的新鲜状态。

（四）减压包装保鲜存在的问题

1. 建造费用高

减压贮藏库建筑要比普通冷藏库和气调贮藏库的高，因此，制约了这种方法在商业上的应用，需要进一步研究在保证耐压的情况下降低建造费用。

2. 产品易失水

由于库内换气频繁，产品易失水萎蔫，因此减压贮藏中要特别注意湿度的控制，最好在通入的气体中增设加湿装置。

3. 产品香味易降低

减压贮藏后，产品芳香物质损失较大，很容易失去原有的香气和风味。但有些产品在常压下放置一段时间后，风味可稍有恢复。

四、气调包装

气调保鲜是通过改变贮藏环境中的气体成分来达到保持鲜切果蔬新鲜状态的一种保鲜方法。适宜的气体环境可显著降低呼吸速率，抑制乙烯产生并减少水分损失，延缓新陈代谢，减少营养成分的损失，同时也抑制好气性微生物的生长，抑制果蔬内部的生理作用和化学成分的变化，防止鲜切果蔬腐败变质。气调包装作为果蔬的流通包装，具有结构简单、成本低、保鲜效果良好的特点，是一般包装及其他保鲜包装无法比拟的。目前越来越多的产品可以使用气调包装处理。

（一）果蔬气调包装保鲜原理

气调贮藏是在冷藏的基础上，将果蔬放在密封库房或包装袋内，同时改变贮藏环境的气体成分的一种果蔬保鲜技术。其原理就是通过改变贮藏环境的气体成分，降低氧气含量，增加二氧化碳含量，减弱鲜活食品的呼吸强度，降低营养成分生化反应的速度，抑制微生物的生长繁殖以及乙烯的产生，以达到减少物质消耗、延长贮藏期和提高贮藏效果的作用。经研究发现，氧气浓度为 3%～5%、二氧化碳浓度为 2%～5% 的气调介质对果蔬呼吸作用的抑制效果最好，有利于果蔬的贮藏。

(二)气调包装保鲜常用的薄膜材料

1. 气调包装保鲜材料的选择

为保持包装容器内的气氛状态,对包装材料有不同的要求。塑料包装材料的透气性和透湿性随聚合物分子结构、湿度和薄膜厚度等因素的变化而变化;真空或充气包装受大气环境的影响,包装容器内各组分的浓度会发生变化,选择包装材料的原则是减少大气环境的影响。

2. 常用气调包装保鲜材料

气调包装保鲜常用薄膜材料按透气性可分为两类:一类是透气性包装材料,用于鲜切果蔬的充气包装,维持较低的呼吸速率;另一类是高阻隔性包装材料,用于食品的真空充气包装,减少包装内各组分浓度的变化。

3. 鲜切果蔬包装膜必须具有以下基本性能

(1)选择透气性。能使过高的二氧化碳和乙烯透出,需要的氧气透入;且对二氧化碳的渗透能力应大于氧气的渗透能力。

(2)透湿性。具有很高的保湿性,但透湿性不可过高。

(3)其他。具有无毒、安全和卫生,同时还具有良好的加工性能,并且其成本低廉等。

(三)气调包装的薄膜种类与包装形式

近年来,在鲜切果蔬工业上,广泛应用的薄膜材料有聚乙烯、聚氯乙烯和聚乙烯醇(PVA)等,并将此类薄膜与硅橡胶膜黏合改进为硅窗气调袋。目前,鲜切果蔬的包装主要是采用薄膜小袋包装,将鲜切果蔬直接装入薄膜袋内,然后将其密封。由于小包装袋便于搬运,可放在密封箱内,在贮运及销售中都可以起到气调的作用。因此,在鲜切果蔬保鲜中得到广泛的应用,但是在贮藏后期袋内的二氧化碳和乙烯等有害气体积累较多。另外,在鲜切果蔬生产上也开始逐渐选用硅窗气调保鲜袋,采用硅窗气调小包装不仅能控制袋内适宜的氧气和二氧化碳的相对含量,而且能够获得更好的保鲜效益和经济效益。

(四)气调包装保鲜薄膜的作用

1. 薄膜包装保鲜的原理

一般使用薄膜包装鲜切果蔬产品,属于自发气调(MA)贮藏原理。硅窗气调袋能更好地维持气体的比例,并且能够透出乙烯等有害气体,因为硅胶对二氧化碳和氧气的透气比与薄膜不同。因此,在相同条件下,硅窗袋的保鲜效果要优于薄膜包装。而由于薄膜包装保鲜是利用薄膜本身的透气性和鲜切果蔬的呼吸自调节袋内的气体,所以,袋内的气体成分必然与薄膜的特性、厚度、大小、袋的容积、装载量、果蔬种类(品种)、成熟度,尤其是贮藏环境的温度有着密切的联系,在实际应用中要特别注意这一点。绝不能以为,有了薄膜气调袋,在任何温度条件下都适用于各种鲜切果蔬的保鲜包装贮藏。因为温度是影响鲜切果蔬呼吸代谢的最主要因素,温度高,鲜切果蔬呼吸消耗的氧气多,产生的二氧化碳多,温度低,鲜切果蔬呼吸消耗的氧气少,产生的二氧化碳少。因此,一种透气薄膜很难在高温和低温下,都能够保持包装袋内有相同的氧气和二氧化碳浓度。所以说,薄膜包装保鲜的前提要尽可能地贮藏在较低的温度下。

2. 薄膜包装保鲜的作用

(1)气调作用。通过薄膜调节控制袋内的适宜氧气和二氧化碳的气体比例,更加有效地延缓了鲜切果蔬的衰老进程。

(2)保湿作用。薄膜阻碍了鲜切果蔬呼吸产物——水汽的扩散,使包装袋内形成高湿环境,从而降低了失重和鲜切果蔬的外观。

(3)限制病菌传染作用。在贮藏的过程中病菌可以通过气流、水滴和接触等方式在鲜切果蔬间互相传染,引起大量腐烂。薄膜包装保鲜可以有效地防止病菌间的相互传染。

3. 薄膜包装技术与效果

采用塑料薄膜包装鲜切果蔬,对于提高贮藏质量都有显著的作用。目前,在鲜切果蔬包装保鲜上广泛使用的薄膜包装保鲜袋,多是采用0.04~0.06毫米聚乙烯薄膜制成。鲜切果蔬装入袋里扎口密封,如同一个自然降低氧气的小气调库。鲜切果蔬在小包装袋内进行呼吸作用,氧气含量逐渐降低,二氧化碳含量逐渐升高,其浓度的高低因鲜切果蔬的种类、温度和聚乙烯薄膜的透性和厚度的不同而不同。其中贮藏环境温度对薄膜小包装影响最大。薄膜小包装有利于鲜切果蔬保持新鲜度,失重少,有利于保持鲜切果蔬的品质与质量,薄膜包装贮藏能减少腐烂,延长贮藏期,并且具有保持果蔬品质的作用和保持正常风味的作用。

(五)气调包装保鲜中气体的选择与作用

1. 鲜切果蔬气调包装的气体

果蔬气调包装保鲜常用的填充气体主要有二氧化碳、氮气、氧气及其混合气体,其他很少用的气体有一氧化碳、二氧化氮、二氧化硫、氩等。对鲜切果蔬来说,有的只需要单一的气体即可达到保鲜效果,而有的则需要两种或多种气体进行一定的比例混合才能达到保鲜。

2. 不同气体的保鲜作用

(1)二氧化碳(CO_2)。二氧化碳是一种抑菌气体,在空气中的正常含量为0.3%,低浓度下的二氧化碳能促使许多微生物的繁殖,而高浓度下的二氧化碳能阻碍大多数需氧菌和霉菌等微生物的繁殖,延长其繁殖生长的停滞期和延缓其对数增长期,因而对食品有防霉和防腐作用。

二氧化碳溶于水中会产生弱酸性的碳酸,因 pH 的降低而对微生物产生抑制作用;同时,二氧化碳对油脂以及碳酸化合物等有较强的吸附作用,从而保护果蔬减少氧化,有利于果蔬的贮藏。并且二氧化碳能抑制细菌和真菌的生长,用于果蔬包装时增加二氧化碳,具有强化减氧、降低呼吸强度的作用,但使用时要注意,二氧化碳在水中的溶解度很高,溶解后形成的碳酸会改变果蔬的风味。气调包装使用二氧化碳时必须要考虑果蔬的水分、贮藏的温度、微生物的种类和数量等多方面因素。

(2)氮气(N_2)。氮气是一种惰性气体,在空气中的含量为78%,它一般不与食品发生化学反应,但能控制化学反应。在包装时提高氮气浓度,相对减少氧气浓度,就可以产生防止食品氧化和抑制细菌生长的作用。氮气不与食品中的微生物直接接触,它在包装中有两个作用:一是抑制食品自身和微生物的呼吸;二是作为一种填充气体,保证在食品包装中有氧气呼吸的作用下食品仍有完好的形状。

而与其他常用的气体相比,氮气不容易透过包装膜,在气调包装系统中主要作为填充气体,以取代包装袋中的空气,能够有效地防止色素、脂肪、油脂在包装袋中被氧化。由于氮气对鲜切果蔬不产生异味的优点,所以大多数的气调包装中都优先氮气或氮气与其他气体的混合气体。

(3)氧气(O_2)。氧气是生物赖以生存不可缺少的气体,在空气中的含量为21%。果蔬包装保鲜的理想条件是要降低氧气含量,但包装果蔬保鲜时氧气又是必不可少的,如果缺少氧气果蔬将会进行厌氧呼吸,将会加快果蔬的腐烂。

不同果蔬维持其正常代谢而保护其新鲜所需的氧浓度是不同的,主要是取决于果蔬的成熟度、品种等多种因素。采用适当的包装材料和包装方法,控制果蔬贮藏环境的氧分压和呼吸速率,这就是近年来开发的果蔬气调保鲜包装技术。氧气常与二氧化碳及氮气混合用于果蔬保鲜包装,其作用是维持果蔬内部细胞的一定活性,延长其生命过程,保持一定程度的新鲜状态。

（4）臭氧（O_3）。臭氧的生物学特征表现为强烈的氧化性和消毒效果，能杀死空气中的病菌和酵母菌等，对鲜切果蔬产品表面病原微生物生长也有一定的抑制作用。但是臭氧无穿透作用、无选择特异性，因此，可采用气调保鲜包装配合臭氧杀菌处理，从而获得保鲜和防腐的双效结果。臭氧能够抑制酶活性和乙烯的形成，降低乙烯的释放率且可以使贮藏环境中的乙烯氧化失活，从而延缓鲜切果蔬产品的衰老，降低腐败率。

综上所述，气调包装系统的设计应该考虑各方面的因素，其中最重要的因素是包装袋内的氧气和二氧化碳的相对含量，而这主要是由包装袋内的气体浓度和包装材料的透气性所决定的。

（六）鲜切果蔬气调包装的应用及其发展

鲜切果蔬还进行着旺盛的呼吸作用和蒸发作用，在空气中吸收氧气，分解消耗自身的营养物质，产生二氧化碳、水和热量。其呼吸方式有两种：一是有氧呼吸，是果蔬在有氧的环境贮藏时，从周围环境吸收氧消耗呼吸基质如葡萄糖等，其代谢产物主要是二氧化碳和乙烯；二是无氧呼吸，是果蔬在缺氧环境或周围氧量供应不足贮藏时，靠分解自身葡萄糖来维持呼吸作用，其代谢产物主要是乙醇等不完全氧化物，这些产物反过来会对鲜切果蔬自身的组织细胞产生毒害作用。

正常供氧时鲜切果蔬进行有氧呼吸，缺氧或供氧不足进行无氧呼吸，过快的有氧呼吸或无氧呼吸都会使鲜切果蔬老化或腐烂。鲜切果蔬的两种呼吸产生程度与环境中氧的浓度成预定比例关系，控制环境中的氧浓度，可以使果蔬仅产生微弱的有氧呼吸而不产生无氧呼吸。从而延缓鲜切果蔬的代谢而得到保鲜。

气调包装技术为鲜切果蔬保鲜销售开辟了新的途径，它不仅解决了高温高压、真空包装食品的品质劣化问题，而且也克服了冷藏、冷冻食品的货架期短、流通成本高等缺点。同时包装外观好，对运输保藏、货品展示以及产品销售的增值能力等方面均有帮助。气调包装作为鲜切果蔬的流通包装，具有结构简单、成本低、保鲜效果良好的特点，是一般包装及其他保鲜包装无法比拟的。目前，越来越多的产品可以采用气调包装处理。

·参考文献·

[1]余兆海,高锡永.80种水果制品加工技艺[M].北京:金盾出版社,1994:32-33.

[2]尹明安.果品蔬菜加工工艺学[M].北京:化学工业出版社,2009:16-23.

[3]马美湖.食品工艺学[M].北京:中国农业出版社,2010:64-66.

[4]郭祥超.果品加工及设备[M].北京:中国农业出版社,1989:297-301.

[5]董全,高晗.果蔬加工学[M].郑州:郑州大学出版社,2011:116-125.

[6]徐怀德.新版果蔬配方[M].北京:中国轻工业出版社,2003:130-134.

[7]李树和.果蔬花卉最新深加工技术与实例[M].北京:化学工业出版社,2008:84-91.

[8]张宝善,王军.果品加工技术[M].北京:中国轻工业出版社,2000:105-109,171-178.

[9]肖旭霖.食品机械与设备[M].北京:科学出版社,2006:106-110.

[10]崔建云.食品机械[M].北京:化学工业出版社,2006:48-52.

[11]陈学平.果蔬产品加工工艺学[M].北京:中国农业出版社,2000:24-41.

[12]于新,马永全.果蔬加工技术[M].北京:中国纺织出版社,2011:188-191

[13]韩舜愈,盛文军,祝霞.水果制品加工工艺与配方[M].北京:化学工业出版社,2006:299-307.11

[14]尚永彪,唐浩国.膨化食品加工技术[M].北京:化学工业出版社,2007:1-3.

[15]孙红绪,张曙光,张敏,等.薇菜机械化干制技术研究[J].湖北农业科学,2012,51(3):594-597.

[16]曾展拓.薇菜脱水干制技术[J].农村新技术,2005(8):39.

[17]李睿,朱薇玲.薇菜干的加工工艺研究[J].武汉工业学院学报,2004,23(4):19-21.

[18]刘建学.全藕粉喷雾干燥工艺试验研究[J].农业工程学报,2006,22(9):229-231.

[19]纳文娟,朱晓红,于颖.枣片生产工艺的研究[J].农产品加工,2009(7):68-70.

[20]黄娟,赵海珍.苹果枣片[J].江苏食品与发酵,2005(2):24-25.

[21]刘志勇,吴茂玉,葛邦国,等.果蔬膨化技术现状及前景展望[J].中国果菜,2012(5):58-59.

[22]宋阳.变温压差膨化干燥甘薯脆片技术的研究[D].乌鲁木齐:新疆农业大学,2012.

[23]毕金峰,魏益民,王杕,等.哈密瓜变温压差膨化干燥工艺优化研究[J].农业工程学报,2008,24(2):232-237.

[24]毕金峰.影响柑橘变温压差膨化干燥的因素研究[J].核农学报,2007,21(5):483-487.

[25]刘志勇,葛邦国,崔春红,等.葡萄低温气流膨化干燥工艺研究[J].食品科技,2012,37(12):72-77.

[26]高伟,张培正.气流膨化南瓜脆片的工艺初探[J].食品工业科技,2007,28(10):164-166.

[27]陈安徽,孙月娥,王卫东.微波膨化菊芋脆片的研制[J].食品科学,2010,31(18):461-464.

[28]王荣梅,张培正,李坤,等. 低温气流膨化酥脆胡萝卜的研究[J]. 食品与发酵工业,2005,31(11): 148－150.

[29]张炎,吴玥霖. 气流膨化草莓脆片的优化条件[J]. 食品工业,2009,(4):55－57.

[30]李丽娟,刘春泉,李大婧,等. 不同干燥方式对莲藕脆片品质的影响[J]. 核农学报,2013,27(11): 1697－1703.

[31]房星星. 低温气流膨化猕猴桃脆片的工艺研究及其质量评价[D]. 西安:陕西师范大学,2008.

[32]郑慧. 苦荞麸皮超微粉碎及其粉体特性研究[D]. 杨凌:西北农林科技大学,2007.

[33]吴锦铸,余小林,曾洲华,等. 切分蔬菜保鲜工艺研究[J]. 食品与发酵工业,2000,26(4):33－37.

[34]周会玲. 鲜切果蔬的加工与保鲜技术[J]. 食品科学,2001,22(8):82－83.

[35]张蓉晖,银玉容. 最少加工果蔬品质影响因素及冷杀菌技术[J]. 食品与机械,2001(2):11－13.

[36]徐红华. 可食用膜在食品 MAP 保鲜中的应用[J]. 食品研究与开发,2002,23(3):72－74.

[37]高翔,陆兆新,张立奎,等. 鲜切西洋芹辐照保鲜的研究[J]. 食品与发酵工业,2003,29(7):32－35.

[38]刘北林. 食品保鲜与冷藏链[M]. 北京:化学工业出版社,2004.

[39]谢如鹤,韩伯领. 国内外冷藏食品物流的现状[J]. 中国储运,2004(6):16－18.

[40]郑重禄. 影响鲜切水果质量的因素及其保鲜技术[J]. 中国果菜,2004(5):38.

[41]韩月明,赵林度. 超市食品物流安全控制分析[J]. 物流技术,2005(10):142－144.

[42]果雅凝,陆胜民,谢晶. 鲜切果蔬中的微生物及其控制[J]. 保鲜与加工,2005,5(6):1－4.

[43]卢立新. 果蔬及其制品包装[M]. 北京:化学工业出版社,2005.

[44]龚树生,梁怀兰. 生鲜食品的冷链物流网络研究[J]. 中国流通经济,2006(2):7－9.

[45]徐斐燕,蒋高强,陈健初. 臭氧在鲜切西兰花保鲜中应用的研究[J]. 食品科学,2006,27(5):254－257.

[46]高新昊,刘兆辉,李晓林,等. 强酸性电解水的杀菌机理与应用[J]. 中国农学通报,2008,24(7): 393－399.

[47]刘程惠,胡文忠,姜爱丽,等. 不同贮藏温度下鲜切马铃薯的生理生化变化[J]. 食品与机械,2008, 24(2):38－42.

[48]纵伟,李晓,赵光远. 超高压保鲜鲜切哈密瓜片的研究[J]. 江苏农业科学,2008(5):256－257.

[49]邱松山,李喜宏,胡云峰,等. 壳聚糖/纳米 Ti 氧复合涂膜对鲜切荸荠保鲜作用研究[J]. 食品与发酵工业,2008,34(1):149－151.

[50]刘兴华,陈维信. 果品蔬菜贮藏运销学[M]. 北京:中国农业出版社,2008.

[51]刘尚军,李霞. 大豆分离蛋白/淀粉复合涂膜对白蘑菇贮藏品质的影响[J]. 农产品加工,2008(9): 76－78.

[52]胡文忠. 鲜切果蔬科学、技术与市场[M]. 北京:化学工业出版社,2009.

[53]章建浩. 生鲜食品贮藏保鲜包装技术[M]. 北京:化学工业出版社,2009.

[54]江洁,胡文忠. 鲜切果蔬的微生物污染及其杀菌技术[J]. 食品工业科技,2009,30(6):319－324.

[55]黄凌燕,陈正行. 纳米抗菌包装对鲜切马铃薯品质的影响[J]. 食品工业科技,2009,30(11): 247－250.

[56]王兰菊,屠琼芳,刘颖,等. 壳聚糖涂膜对鲜切山药品质的影响[J]. 食品工业科技,2009,30(4): 309－311.

[57]魏静,解新安. 食品超高压杀菌研究进展[J]. 食品工业科技,2009,30(6):363 - 367.

[58]贾慧敏,韩涛,李丽萍,等. 可食性涂膜对鲜切桃褐变的影响[J]. 农业工程学报,2009,25(3):282 - 286.

[59]罗海波,姜丽,余坚勇等. 鲜切果蔬的品质及贮藏保鲜技术研究进展[J]. 食品科学,2010,31(3):307 - 311.

[60]刘程惠,胡文忠,王艳颖,等. 国内鲜切果蔬包装的研究现状[J]. 食品工业科技,2010,31(12):386 - 388,392.

[61]李超,冯志宏,陈会燕,等. 鲜切果蔬保鲜技术的研究进展[J]. 保鲜与加工,2010,10(1):3 - 6.

[62]张甫生,李蕾,陈芳,等. 非热加工在鲜切果蔬安全品质控制中的应用进展[J]. 食品科学,2011,32(9):329 - 334.

[63]朱明,沈瑾,孙洁,等. 中国农产品产地加工产业布局分析及发展对策[J]. 农业工程学报,2012,28(1):1 - 6.

[64]孙炳新,杨金玲,赵宏侠,等. 鲜切果蔬包装的研究现状与发展[J]. 食品工业科技,2013,34(7):392 - 396,400.

[65]王丹阳,沈瑾,孙洁,等. 农产品产地加工与储藏工程技术分类[J]. 农业工程学报,2013,29(21):257 - 263.

[66]于晓霞,李燕,王婷婷,等. 响应曲面法优化酸性电解水对鲜切苹果杀菌效果的影响[J]. 食品与生物技术学报,2015,34(6):653 - 659.

[67]王硕,王俊平,张燕,等. 非热加工技术对食品中蛋白质结构和功能特性的影响[J]. 中国农业科技导报,2015,17(5):114 - 120.

[68]Estiaghi M N, Knorr D. Potato cubes response to water balanching and hydrostatic pressure[J]. Journal of Food Science, 1993,56(6):1371 - 1374.

[69]Rojas - Graü, M. A, Tapia M. S, Rodíguez F J, Carmona A J, Martin - Belloso O. Alginate and gellan - based edible coating as carriers of antibrowning agents applied on fresh - cut Fuji apples[J]. Food Hydrocolloids,2007,21(1):118 - 127.

[70]Sipahi R E, Castell - Perez M E, Moreira R G, Gomes C, Castillo A. Improved multilayered antimicrobial alginate - based edible coating extends the shelf life of fresh - cut watermelon (Citrullus lanatus)[J]. LWT - Food Science and technology,2013,51(1):9 - 15.

[71]Mantilla N, Castell - Perez M E, Gomes C, et al. Multilayered antimicrobial edible coating and its effect on quality and shelf life of fresh - cut pineapple(Ananas comosus)[J]. LWT - Food Science and Technology, 2013,51(1):37 - 43.

[72]Odriozola - Serrano I, et al. Influence of alginate - based edible coating as carrier of antibrowning agents on bioactive compounds and antioxidant activity in fresh - cut Kent mangoes[J]. LWT - Food Science and Technology,2013,50(1):240 - 246.

[73]Azarakhsh N, Osman A, Ghazali H M, et al. Lemongrass essential oil incorporated into alginate - based edible coating for shelf - life extension and quality retention of fresh - cut pineapple[J]. Postharvest Biology and Technology,2014,88:1 - 7.